民居

中国传统建筑
营造技艺丛书
（第二辑）

刘 托 主编

晋系传统民居
营造技艺

JINXI CHUANTONG MINJU

YINGZAO JIYI

康 峰 王金平 著

时代出版传媒股份有限公司
安徽科学技术出版社

图书在版编目(CIP)数据

晋系传统民居营造技艺 / 康峰,王金平著. --合肥：安徽科学技术出版社,2021.6

(中国传统建筑营造技艺丛书 / 刘托主编. 第二辑)

ISBN 978-7-5337-8387-7

Ⅰ.①晋… Ⅱ.①康…②王… Ⅲ.①民居-建筑艺术-山西 Ⅳ.①TU241.5

中国版本图书馆 CIP 数据核字(2021)第 041341 号

晋系传统民居营造技艺　　　　　　　　　　　　　　康　峰　王金平　著

出版人：丁凌云　选题策划：丁凌云　蒋贤骏　余登兵　策划编辑：翟巧燕

责任编辑：付　莉　王秀才　责任校对：沙　莹　责任印制：廖小青

装帧设计：王　艳

出版发行：时代出版传媒股份有限公司　http://www.press-mart.com

安徽科学技术出版社　　　　　http://www.ahstp.net

(合肥市政务文化新区翡翠路 1118 号出版传媒广场,邮编：230071)

电话：(0551)63533330

印　　制：合肥华云印务有限责任公司　　电话：(0551)63418899

(如发现印装质量问题,影响阅读,请与印刷厂商联系调换)

开本：710×1010　1/16　　印张：12.5　　字数：200 千

版次：2021 年 6 月第 1 版　　2021 年 6 月第 1 次印刷

ISBN 978-7-5337-8387-7　　　　　　　　　　　　定价：69.80 元

丛书第二辑序

　　自2013年"中国传统建筑营造技艺丛书"第一辑出版至今,已经8年过去了。这8年来,"营造技艺及其传承保护"已然成为中国传统建筑文化及文化遗产保护领域的热门话题,相关的课题研究、学术论坛高倍聚焦于此,表明了营造技艺的学术性和当代性价值。不惟如此,"营造"一词自1930年中国营造学社创立以来,重又为社会各界广泛认知和接受,成为人们了解传统建筑的一种新的视角,或可以说多了一把开启中国建筑文化之门的钥匙。

　　研究营造技艺的意义是多方面的:一是深化和拓展了建筑历史与理论研究的领域;二是丰富和充实了文化遗产保护的实践;三是在全国范围内,特别是在民间,向广大民众普及了对保护和传承非物质文化遗产(简称"非遗")的认知。正是随着非遗保护工作的不断深入,我们对一些已有的认知也在逐渐深入和更新。比如真实性问题,每一种非遗都是富有生命活力的存在,是一种生命过程,这是非遗原真性的核心内涵,即它是活着的生命体,而不是标本。这与物质形态的真实性有所不同,其真实与否是活态非遗真伪的判断标准。作为文物的一座建筑,我们关注的是物态本身,包括它的材料、造型等,可能还会延伸到它的建造历史,它甚至可以引导我们穿越到初建或改建时的那个年代;而作为非遗的技艺,建筑物只是一个符号,我们要揭示的是建造技艺延续至今所包含的人类文明和人类智慧，它在我们当今生活中所扮演的角色，让我们既感受到人类文明的涓涓流淌，又体验到人类生活的丰富多样。我们现在在古建筑物质形态保护方面，对原真性保护虽然原则上也强调使用原材料、原工具、原工艺进行修缮，然而随着"非物质文化遗产"概念的引入和普及，传统技艺本身已然成为保持文化遗产真实性的必要条件和要素，成为被保护的直接对象。对技艺的非物质保护，首先就是强调其原真性需要得到保护，技艺的原真性就是有序传承的技术、做法、工艺、技巧。作为被保护对象，它们不应被随意改变。如同文物建筑不得被任意破坏或改动一样，作为非物质的载体，物质性的作品、成品、半成品、工具等都是展示技艺的要件，它们同时承载着识别技艺和展示技艺的功能，不应人为刻意掩盖或模糊技艺的真实呈现。所谓修饰一新、整旧如旧的做法，严格意义上说都不符合真实性原则。

又比如说活态性问题，非物质文化遗产是活态遗产，指的是非物质文化遗产在历史进程中一直延续，未曾间断，且现在仍处于传承之中。它是至今仍活着的遗产，是现在时而非过去时。一般而言，物质形态的遗产是非活态的，或称固态的，它是凝固、静止的，它是过去某一时段历史的遗存，是过去时而非现在时，如建筑遗构、考古遗址，乃至一般性的文物。然而非物质文化并非全都是活态的，因而也不都是文化遗产，它们或许只是文化记忆，比如说终止于某一历史时期的民俗活动与节庆，失传的民歌、古乐、古代技艺，等等。虽然它们也是非物质的，也是无形的，但它们都已经成为消失在历史长河中的过去，被定格在某一时间刻度上，或被人们所遗忘，或被书写在历史文献中，它们在时间上都归为过去时。而成为活态的遗产则都是现在时，是当今仍存续的、鲜活的事项，如史诗或歌谣仍然被传唱，如技艺或习俗仍然在传承和被遵守，尽管它们在传承中也有所发展，有所变异。由此可见，活态并非指的是活动或运动的物理空间轨迹及状态，而指的是生生不息的生命力和活力。活态性也表现在非物质文化遗产在传承与传播中不断地应变，像生命体一样在与自然环境及社会环境的相互作用中不断地生长、适应与变化，积淀了丰厚的政治、经济、历史、文化、科技信息，积累了历代传承人的智慧和创造力，成为人类文明的结晶，如唐宋时期的营造技艺发展到明清时期已然发生了很多变化，但其核心技艺一脉相承，直到今日仍被我们继承和发扬。

再比如说整体性问题，营造技艺并非只强调技术，而应该包含营建活动的全部，"营"代表了其中的精神性活动，"造"代表了其中的物质性活动。在联合国教科文组织所列的五种非遗类型中，有一些项目是跨类型的，建筑即如此。虽然我国现行管理体制中把建筑列入技艺类项目，但其与人类认知、民俗、文化空间等内容都有着紧密的联系，这也证明了营造类文化遗产的复杂性和丰富性，需要我们认真研究和传承。现实中没有一项文化遗产不是一个复杂的综合体和有机体，它们都具有自己的完整结构和运行规律，每一项非物质文化遗产都是由持有人、遗产本体（如技艺、表演等）、物质载体（如产品、艺术品等）、生态环境（自然与人文环境）共同构成的。整体性保护就是保护文化遗产所拥有的全部内容和形式，对非物质文化遗产的科学保护意味着对其相关要素进行全面保护，否则就难以实现保护的初衷，难以取得成效。营造技艺保护在整体性方面可谓表现得尤为典型。

中国非物质文化遗产是按照分类进行专项保护的，但许多遗产在实际存续状态中往往涉及多种类型，如不强调整体性保护，很可能造成遗产被割裂、分解，如表演艺术中的戏剧、曲艺，大多涉及文学、音乐、舞蹈、美术，以及民俗。仅以皮影为例，就涉及说唱、美术、制作技艺等，只有整体保护才能取得成效。不仅如此，除去对遗产本体进行保护外，还要对其赖以生存的生态环境予以保护，其中既包括文化生态，也包括自然生态。就营造技艺而言，整体性保护意味着对营造技艺本体进行全面保护，即包括设计、建造、技术、工艺等各个方面。中国古代建筑的设计与建造是一个整体的两个方面,不可分割;不像现在,设计与施工已经完全是两个不同的专业领域。"营造"一词中的"营",之所以与今天所说的建筑设计有差异,主要在于它不是一种个体自由创作,而是一种群体性、制度性、规范性的安排,是一种集体意志的表达,同时本质上也是一种技艺的呈现形式。其实,任何一种手工技艺都含有设计的成分,有的还占据技艺构成的重要部分,如青田石雕、寿山石雕等。相比之下,营造方面的"营"包含的设计内容更为丰富,更为复杂。

对营造技艺的全要素进行整体性保护,需要打破物质与非物质、动态与静态、有形与无形的界限,正确认识它们之间的相关性。它们常常是一枚硬币的正反面,保护一方面的同时不应忽略另一方面。虽然我们现在强调的是针对非物质文化遗产的保护,但随着对文化遗产整体观认识的不断深化,我们必然会迈向文化遗产整体保护的层面,特别是针对营造技艺这类本身具有整体性特征的遗产对象。整体性保护与活态性相关,即整体保护中涉及活态(动态)与静态保护的有机统一。这里的活态保护主要不是指传承人保护,而是强调一种积极的介入性保护手段,即将保护对象还原到一个相对完整的生态环境中进行全面保护,这需要我们在一定程度上打破禁锢,解放思想,进行创新。现在有很多地方尝试进行一定的活化改造,即集中连片或成区片地整体保护传统街区、村落、古镇,同时保护与之相关的自然与人文生态,包括原有的地域性生活样态,如绍兴水乡、北京南锣鼓巷街区、川(爨)底下古村落等,都在力争保持或还原固有的风貌、风情、风俗,这是一种生态性的整体保护策略,是整体保护理念的体现。

在理论探索的同时,营造技艺的保护实践也在逐渐系统化和科学化,各保护单位和社会团体总结出了诸如抢救性保护、建造性保护、研究性保护、展示性保护、数字化保护等多种方式。

抢救性保护主要指保护那些因自身传承受到外部环境冲击而难

以为继,需外力介入才能维持存续的项目,其保护工作主要包括对技艺本体进行记录、建档、录音、录像等,对相关实物进行收集整理或现状保存,对传承人进行采访,系统整理匠谚口诀,建立工匠口述史档案,给生活困难的传承人以生活补助或改善其工作条件,等等。

建造性保护是非遗生产性保护的一种转译,传统技艺类项目原本都是在生产实践中产生的,其文化内涵和技艺价值要靠生产工艺环节来体现,广大民众则主要通过拥有和消费其物态化产品来感受非物质文化遗产的魅力。因此,对传统技艺的保护与传承只有在生产实践的链条中才能真正实现。例如,传统丝织技艺、宣纸制作技艺、瓷器烧制技艺等都是在生产实践活动中产生的,也只有以生产的方式进行保护,才可以保持其生命力,促使非遗"自我造血"。相对一般性手工技艺的生产性保护,营造技艺有其特殊的内容和保护途径,如何在现有条件下使其得到有效保护和传承,需要结合不同地区、不同民族、不同级别的文化遗产项目进行有针对性的研究和实践,保证建造实践连续而不间断。这些实践应该既包括复建、迁建、新建古建项目,也包括建造仿古建筑的项目,这些实质性建造活动都应进入营造技艺非物质文化遗产保护的视野,列入保护计划中。这些保护项目不一定是完整的、全序列的工程,可能是分级别、分层次、分步骤、分阶段、分工种、分匠作、分材质的独立项目,它们整体中的重要构成部分都是具有特殊价值的。有些项目可以基于培训的目的独立实施教学操作,如斗拱制作与安装,墙体砌筑和砖雕制作安装,小木与木雕制作安装,彩画绘制与裱糊装潢,等等,都可以结合现实操作来进行教学培训,从而达到传承的目的。

研究性保护指的是以新建、修缮项目为资源,在建造全过程中以研究成果为指导,使保护措施有充分的可验证的科学依据,在新建、修缮项目中和传承活动中遵循各项保护原则,将理论与实践相结合,使各保护项目既是一项研究课题,也是一个检验科研成果的实践案例。

实际上，我们对每一项文物修缮工程或每一项营造技艺的保护工程，在实施过程中都有一定的研究比重，这往往包含在保护规划、保护设计中，但一般更多的是为了满足施工需要，而非将项目本身视为科研对象来科学系统地做相应的安排，致使项目的宝贵资源未得到充分的发掘和利用。在研究性保护方面，北京故宫博物院近年启动了研究性保护的计划，即以"技艺传承、价值评估、人才培养、机制创新"为核心，以"最大限度保留古建筑的历史信息，不改变古建筑的文物原状，进行古建筑传统修缮的技艺传承"为原则，以培养优秀匠师、传承营造技艺、探索保护运行机制等为基本目标，探索适合中国国情的古建筑保护与技艺传承之路。

随着第五批国家级非物质文化遗产代表性项目名录推荐项目名单的公示，又将有一批营造技艺类保护项目入选名录，相应的研究和出版工作也将提上议事日程，期待"中国传统建筑营造技艺丛书"第三辑能够接续出版，使我们的研究工作即便不能超前，但也尽力保持与保护传承工作同步，以期为保护工作提供帮助，为民族文化遗产的传播做出切实的贡献。

刘　托

2021年1月27日于北京

前　言

　　山西地处黄河流域，是中华文明的发祥地之一，承载着黄土文明和黄河文化，积淀深厚。山西省襄汾县丁村遗址距今已有20万年左右的历史，那时的"古人"已有聚居的迹象。我们由距今约2.8万年的山西朔州峙峪遗址可知，这一时期的人类已经学会建造圆形矮墙，以树干作为骨架，用草或兽皮搭成简单的居室。山西自然和人文环境得天独厚，形成了众多地域特征浓厚的传统民居。这些民居不但建造环境优美，建筑形态各具特色，而且具有独特的传统文化特质和深厚的人文内涵。截至2019年，山西省共有550个村落入选中国传统村落名录。

　　晋系传统民居经过历代匠师经年累月的技艺传承，已经形成风格独特、技艺精良的本土化民居营造技术体系。晋系传统民居中包含着薪火相传的匠作技术经验和当时的政治、经济、文化等信息，具有历史价值；它承载的社会信息，比任何历史文献所记载的都直截了当，是社会发展进程的真凭实据，具有重要的文化教育价值。晋系传统民居营造技术来源于匠师们的代代传承，以及在实践过程中不断的经验积累和总结，凝聚了无数劳动者的智慧，是生活在这片土地上的人民的伟大创造，具有重要的科学研究价值。研究山西本土化的民居营造技术经验，挖掘整理传统营造技艺，能够帮助人们深刻把握、全面了解晋系传统民居的地域性特征和各种价值,提高人们对晋系传统民居的认识水平,这对科学、理性地保护文化遗产具有积极的意义,同时也可以为不同地区的文化遗产保护提供翔实的、可资借鉴的、实用性较强的基础性研究成果。

2003年,《保护非物质文化遗产公约》的颁布标志着全球各国对非物质文化遗产的关注度显著提高。传统营造技艺属于非物质文化中的传统技艺类。本书从非物质文化遗产的视角,不仅详细分析了晋系传统民居的传统营造技术、工艺、技巧等,还介绍了与之密切相关的工具制作与使用以及营造工序流程。同时本书内容还扩展至与营造技艺相关的知识领域,对晋系传统民居的分布与影响因素、晋系传统民居的空间布局与建筑形态、与营造技艺相关联的文化习俗也做了相应的介绍。

本书对晋系传统民居的营造技艺价值进行了总结,对保护与传承提出了合理性建议,指出保护工作的下一步重点是挖掘传统营造技艺的发展潜力以应对新时期的挑战。

本书得到国家重点研发计划项目(项目编号:2021YFE0200100)"中国-葡萄牙文化遗产保护科学'一带一路'联合实验室建设与联合研究"支持。

本书由太原理工大学和北京交通大学多年来致力于山西传统聚落与民居研究的团队成员共同完成。感谢北京交通大学薛林平博士,他对晋系传统民居营造技艺的研究深入而扎实,毫无保留地与笔者分享资料,这些资料对笔者启发很大。虽然本书试图尽可能全面、系统地介绍晋系传统民居的营造技艺,但由于篇幅有限,书中难免挂一漏万,欢迎各位读者批评指正。

太原理工大学　康　峰　王金平

目　　录

第一章

晋系传统民居营造技艺的源流

晋系传统民居是晋系古建筑的重要组成部分。晋系古建筑的产生、演变的历程与中国古建筑的发展一脉相承。经过长期的探索、创新、融合，区域特征较鲜明的晋系古建筑形成。晋系古建筑的营造活动，历经了原始社会、夏商周、秦汉、三国两晋南北朝、隋唐五代、宋辽金元、明清几千年的历史。

晋系古建筑营造技艺的发展历程大致分为以下几个阶段。

①晋系古建筑营造技艺的"萌芽期"（远古至公元前2100年）。从旧石器时代的天然崖洞到新石器时代穴居的发展阶段。

②晋系古建筑营造技艺的"雏形期"（公元前2100—公元前221年）。从"茅茨土阶"阶段到"台榭建筑"时期，历经夏、商、西周、春秋、战国。

③晋系古建筑营造技艺的"定型期"（公元前221—220年）。进入秦汉时期，营造活动高潮迭起，抬梁式、穿斗式木构架及斗拱的普遍使用，标志着晋系木构架建筑体系基本定型。

④晋系古建筑营造技艺的"发展期"（220—581年）。此时期的营造技艺在继承秦汉传统营造技艺的基础上，吸收、融合了西域文化，出现了寺庙、佛塔、石窟等佛教建筑类型，历经三国、两晋、南北朝，推进了晋系古建筑的发展。

⑤晋系古建筑营造技艺的"成熟期"（581—907年）。隋唐以后，晋系古建筑的技术炉火纯青并不断创新，木结构中运用等腰三角形和梯形组合的抬梁式体系，技艺进入定型化和标准化的成熟期。

⑥晋系古建筑营造技艺的"转型发展期"（907—1368年）。历经五代、辽、宋、金、元，木结构中运用直角三角形与等腰梯形的抬梁式体系，用材进一步标准化、制度化，技艺进入转型发展期。

⑦晋系古建筑营造技艺的"创新定型期"（1368—1840年）。明清时期，建筑模数和用料日益标准化、制度化，用材减少，装饰不断创新、定型化。

第一节
晋系传统民居营造技艺的起源

一、晋系古建筑营造技艺的"萌芽期"

地处黄河流域中部的山西省,是我国古代文化的中心区域之一。

距今180万年的山西省芮城县西侯度遗址,曾出土了原始的刮削器、砍砸器和尖状器。在距今20万年前后,原始人类已学会制作交互打击器和圆形的刮削器。山西省襄汾县丁村遗址距今已有20万年左右的历史,那时的"古人"已有聚居的迹象,集体居住在山洞中。从距今四五万年开始,人类已具备现代人的特征。这一时期,石器、骨器的制作更加精良,复合工具的使用日益广泛。考察距今2.8万年的山西朔州峙峪遗址可知,这一时期的人类已经学会建造圆形矮墙,以树干作为骨架,用草或兽皮搭成简单的居室。在距今1万年前后,人类进入新石器时代,原始农业、畜牧业得到发展,制陶、制革、纺织技术也已产生。

从山西省翼城县北橄、襄汾县陶寺、石楼县岔沟等遗址来看,地处黄河流域的山西,从穴居、半穴居到地面以上的木骨泥墙房屋以及横穴居、竖穴居等,都诠释了山西古代建筑与城市的萌芽(图1-1)。

山西境内已发现旧石器文化遗存252处,形成山西旧石器文化发

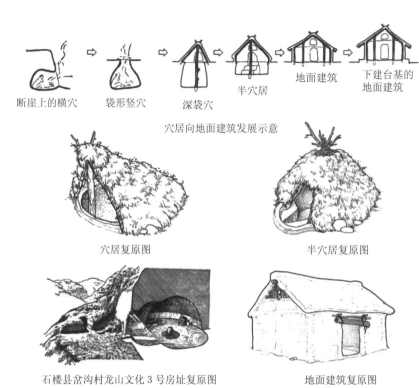

断崖上的横穴 → 袋形竖穴 → 深袋穴

半穴居　　地面建筑　　下建台基的
　　　　　　　　　　　地面建筑

穴居向地面建筑发展示意

穴居复原图　　　　　　　　　　半穴居复原图

石楼县岔沟村龙山文化 3 号房址复原图　　　　　地面建筑复原图

图1-1　山西古代建筑演进示意(依据《考古学报》《考古》等期刊资料绘制)

展序列。早期旧石器文化遗址分布于晋西南黄河沿岸、汾河中下游地区及中条山南麓垣曲盆地,在山西北部恒山也发现了一处遗址。旧石器时代中期,山西境内分布着南北两种不同类型的文化遗存,重要代表为北部桑干河流域的许家窑遗址和南部汾河流域的丁村遗址。旧石器晚期文化遗存遍布全省各地,重要代表有朔州峙峪遗址、沁水下川遗址及吉县柿子滩遗址等。这表明早在旧石器时代就已有人类在山西繁衍、生息。考古发现,山西和顺、陵川有距今 4 万年左右的旧石器时代晚期的洞穴遗址,这些洞穴遗址是早期人类的聚居地,成为后来人工穴居的开端。此外,在山西朔州峙峪遗址还发现了一处露居遗址,峙峪人在平坦的沙砾滩上用较大的石块围成直径 4~5 米的圆形矮墙,以树枝架起,用草或兽皮搭成简单的居室。这是山西木结构建筑最早的

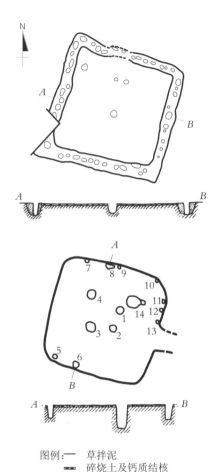

图例：—— 草拌泥
　　　　▬▬ 碎烧土及钙质结核

图1-2　翼城北橄遗址住宅示意

雏形。这说明旧石器时代晚期,山西境内至少已有土、木、石三种材料。

山西目前已发现新石器时代文化遗址2179处,初步建立起新石器时代的文化发展序列。这说明距今10000~8000年,人类已开始在此地定居。定居生活和生产力水平的提高,使人工穴居成为当时山西境内人类的主要居住类型。较早的新石器文化遗存主要集中在临汾盆地和漳河流域,初期的穴居形制简陋,其剖面形式呈喇叭口竖穴,平面呈不规则的圆形或椭圆形。仰韶文化早期遗存,全省仅发现28处,主要分布在晋南和晋中地区,以晋西南地区最为集中,此时的住屋呈地穴式或半地穴式。仰韶文化中期的庙底沟类型遗存,全省已发现396处,此时期是仰韶文化在山西地区最繁荣昌盛的时期。山西翼城县北橄乡北橄村南发现有该时期的村落遗址。这一时期,建筑已脱离竖穴向地面发展,屋顶已有四角、攒尖、四面坡式等不同类型,室内设火塘用来取暖(图1-2)。

仰韶文化后期遗存,在山西省发现378处,分布在晋南、晋中、晋西南等区域,由于地域的差异和周边文化的影响,在文化形态上呈现多样化。山西境内龙山文化遗存有1120处,可分为三里桥、陶寺、白燕和小神4个类型,地域特征比较明显。晋西南的三里桥类型和晋南的陶寺类型,其文化序列较为清晰。晋西南的遗存主要分布在运城盆地和中条山南麓黄河沿岸,文化面貌与河南三门峡市陕县三里桥遗存极为相似,故属龙山文化三里桥类型。襄汾陶寺遗址是晋南龙山文化的典型代表,年代为距今4500~4000年,遗址中发现有城址、水井、窑址和公共墓地,已出现等级制度。由于文化特征明显,该遗址被称为"龙山文化陶寺类型"。太谷白燕遗址和长治小神遗址则分别反映了晋中和晋东南的龙山文化特征。这一时期是山西土窑洞的创立和定型期,表现为聚落规模进一步扩大;在延续半地穴式房屋的同时,增加了地面建筑和窑洞建筑两种形式;呈现连在一起的排房和"吕"字形双室房屋结构;地面普遍涂抹白灰,多数还有白灰墙裙(图1-3)。

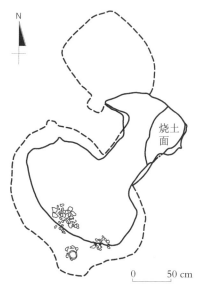

图1-3　太谷白燕遗址住宅示意

　　在人类早期聚居过程中,山西的房屋建筑发展水平较高,但各地区的发展情况很不平衡,表现为黄河、汾河流域及晋东南发展较快,其他地区则发展缓慢。

二、晋系古建筑营造技艺的"雏形期"

　　历经夏、商、西周、春秋、战国,中国的古代建筑从"茅茨土阶"发展到"台榭建筑"时期。这一时期,青铜器和铁器的使用,陶瓦烧制等技术的出现,促进了庭院建筑、高台建筑的形成。夏、商木构技术与夯土技术的结合,形成"茅茨土阶"建筑;瓦的发明使西周建筑从"茅茨土阶"的简陋状态进入"瓦屋"营造新阶段;春秋、战国瓦的普遍使用和砖的出现,"前堂后室"和庭院布局已经形成。此时期以阶梯形夯土台为核心,采用倚台逐层建木构房屋的土木结合新方式,创造了大体量高台建筑。榫卯结构更加纯熟,斗拱开始运用,出现了两坡、攒尖屋顶和四阿重屋。彩画、雕刻、壁画等装饰的出现,说明我国木构建筑体系要素初见端倪,标志着晋系古建筑进入雏形期。

三、晋系古建筑营造技艺的"定型期"

秦初,山西的河东、太原、上党三郡经济繁荣,在全国处于经济领先地位。除了铁器的普遍使用外,三郡的砖瓦制作业也非常发达,建筑材料的手工作坊非常兴盛。汉代时期,抬梁式、穿斗式木构架和斗拱的普遍使用,标志着中国木构架建筑体系基本定型。砖、瓦形式多样,广泛使用,砖、石结构和拱券结构得以发展。汉代抬梁式和穿斗式木构架已经形成,组合式的出跳斗拱使用广泛,多层木构架建筑的营造活动非常普遍。汉末佛教建筑开始萌芽,东汉永平年间,官署的礼宾司"鸿胪寺",开始成为佛教寺院的专用名词。庑殿、歇山、悬山、攒尖、囤顶等屋顶形式普遍使用。独特的木构架建筑体系基本定型。

四、晋系古建筑营造技艺的"发展期"

这一时期经过三国、两晋、南北朝,晋系古建筑营造技艺继承秦汉文化、吸收外域文化。佛教的传入带来印度和中亚文化,促进了佛教建筑的繁荣发展。这一时期,出现了佛寺、佛塔及石窟寺等建筑类型,推进了晋系古建筑的持续发展。依据云冈石窟可知,当时寺庙建筑的造型、装饰、石雕、壁画等方面,技艺水平高超,这也影响到宫殿、民宅建筑的发展。

三国、两晋时期,建筑技术基本沿袭土木混合结构的传统技法。

南北朝时期,山西大同是北朝拓跋氏平城的所在地,皇家在平城西部的武周山边开凿了云冈石窟,北朝文化在山西境内十分丰富。佛教的发展、汉文化与外域文化的融合,创新了建筑图案、纹饰、色调与装饰技法,彩画和雕刻技术因此获得了空前的发展。佛寺建筑日益汉化、革新发展,形成了山西本土化的佛教建筑。此时的山西五台山,佛寺建筑开始兴盛,佛教得以快速发展。

五、晋系古建筑营造技艺的"成熟期"

隋唐二代山西的政治、经济、社会、文化、科技迅速发展,进入封建社会时期的发展顶峰。建筑技术和艺术在继承两汉成就和吸收外来文化的基础上,得到创新发展。建筑营造技艺进入成熟期。唐代颁布《营缮令》,规定官吏和庶民房屋的形制等级制度,促进了建筑规模和等级的标准化。此时出现了绘制图样和督工督料的工匠。建筑材料方面除土、木、石、砖、瓦等,琉璃的烧制技术比南北朝进步,并被广泛使用。唐代木结构营造技术纯熟,以"材"为祖的模数设计理念已经形成,木构件用材比例和铺作结构趋向定型。山西留存有3处该时期的木结构建筑,分别是五台县南禅寺大殿、芮城县广仁王庙正殿和五台县佛光寺东大殿。其中南禅寺大殿为我国现存最早的木结构建筑。历经隋唐二代的发展,晋系建筑日益趋于成熟。

六、晋系古建筑营造技艺的"转型发展期"和"创新定型期"

晋系古建筑营造技艺的"转型发展期"为五代、辽、宋、金、元时期。

全国现存五代时期的木结构建筑计有5处,仅山西境内就有4处,分别是平顺县天台庵大殿、平顺县龙门寺西配殿、平顺县大云院弥陀殿、平遥县镇国寺万佛殿,占全国现存五代时期建筑总量的80%。五代是唐末至宋初分裂割据的特殊历史时期,北汉建都晋阳,即今天的太原市,统治范围包括今山西中部和北部及陕西、河北部分地区。这一时期,木结构建筑的梁架出现脊部施以蜀柱、驼峰顶承,形成直角三角形与梯形组合的抬梁式结构。建筑用材趋于减少,建筑结构体系趋于完美,完成了抬梁式建筑梁架结构形制的转型。

宋朝是中国古代历史上经济、文化教育与科学高度繁荣的时代。建筑梁架结构继承五代形制,建筑形态趋向典雅秀丽、柔和劲健,柱网布局出现减柱的做法,铺作中出现假昂之雏形的直昂造。北宋绍圣四年(1097年)颁布了李诫编修的《营造法式》,确定了官式建筑营造标准。直角三角形与梯形组合的抬梁式结构体系进一步规范。砖石结构建筑长足发展,砖石建筑的营造技术不断提高,佛塔、桥梁营造技术纯熟。全国现存的宋代建筑计有48处,山西留存有34处,占全国宋代建筑存量的71%,而且结构清晰、质量上乘。

全国现存辽代木结构建筑计有8处,山西境内存有3处,分别是大同市华严寺薄伽教藏殿、善化寺大雄宝殿和应县佛宫寺释迦塔,占全国辽代建筑存量的37.5%。辽代木结构建筑,在继承唐代晚期和五代汉民族建筑结构的基础上,形成中国区域性的辽代建筑结构特点,主要表现在梁栿间设完整的出跳铺作和驼峰隔承。

全国现存的金代建筑计有124处,山西留存有110处,占全国金代建筑存量的88.7%。在营造技艺上,山西北部建筑受辽代的影响较大,真昂和斜出跳铺仍延续使用;山西中部延续宋代的做法较多,假昂普遍应用。减柱和移柱的柱网布列技术得到突破性发展。

元代营造做法继承金代建筑,广泛使用移柱、减柱,形成了多种结构形制的内额式建筑构架。真昂造铺作消失,普遍使用假昂造铺作,木构架制作多简单粗糙。山西境内元代木结构建筑遗存众多，据不完全统计，有350余处。

明清时期，晋系古建筑营造技艺开始进入"创新定型期"。

第二节
明清晋系传统民居营造技艺的发展

明清是晋系古建筑营造技艺的"创新定型期"（1368—1840年）。

明代是一个传统与创新交织、保守与开放并存的时代，具有明显的"转型"趋势。明代初期建筑基本继承元代做法，明代中期多使用简练明快的梁架结构，装饰逐渐繁华，官式建筑斗拱用材减少，出檐深度缩短，生起、侧脚、卷杀不再采用。刨子在明代广泛应用于房屋营造中，故建筑构件加固精细、装饰性构件雕刻华丽的营造活动出现。随着砖瓦制作技术的提高、冶炼铸造技术的发达，出现了无梁殿和铜铸殿。山西各地的城乡聚落、衙署、书院、民居、寺庙、祠庙、园林等建筑普遍兴盛。

清代建筑的规制沿袭了明代并有所发展。雍正十二年（1734年），清工部颁布了《工程做法》，官式建筑标准化、制度化进入革新定型期。在聚落、衙署、宫观、民居、园林、陵寝、藏传佛教寺庙等建筑的营造上，清代工匠成就卓著。随着晋商的崛起，山西境内迎来又一轮城乡建设高潮，形成以汾河流域、沁河流域、黄河岸边、内外边关为中心，被称为"三河一关"的颇具晋系建筑风格的传统村镇群。

明清民居分布于全省各地。襄汾丁村民居是山西具有代表性的明清宅院,村内院落分北、中、南3个区域,共有院落33座、房舍498间,大多为坐北朝南的四合院布局,基本上保存了明清时期原有的格局。明代院落具有宽阔的天井、高大的正厅,清代院落则活泼多变,木雕、砖雕、石雕雕刻都很精细,多数建筑还留有建造年款和匠师姓名,是研究北方民宅布局和建筑形式的重要实例。

明清两代商业繁盛,晋中地区的祁县、太谷和平遥成为当时著名的商业和金融中心,形成一种被称为"大院"的民居建筑。这些大院往往是由数个院落甚至十几个院落组成的大型民居建筑群。其主要特点是在院落的外围砌以高大而厚重的砖墙,外观多呈城堡式,立面造型较为封闭。著名的有祁县乔家大院、祁县渠家大院、太谷曹家大院、灵石王家大院(图1-4)等。这些建筑中使用的砖、木、石雕刻粗犷豪放,题材丰富,反映出当地明清时期商业的繁盛景象。晋东南地区民居多为楼院,位于山区的大型民宅,大多呈城堡式布置,由窑洞上建木

图1-4　灵石王家大院

11

结构的房屋组合而成。

　　明清时期晋系传统民居的建筑形式主要有砖木结构、窑洞与砖木结构相结合两类。这种住宅以木构架房屋为单体,在南北向的中轴线上建正房或正厅,正房左右建有东西厢房,形成次要的东西轴线,这种由"一正两厢"组成的院落,就形成通常所见的"四合院"。较大的宅院沿纵轴线设两进、三进,多个"一正两厢"的四合院形成多进院,大型的民宅建筑群则由几个院落并列,形成别具特色的大院建筑(图1-5)。

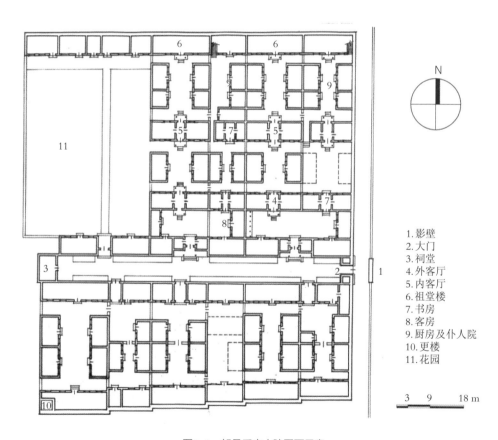

1.影壁
2.大门
3.祠堂
4.外客厅
5.内客厅
6.祖堂楼
7.书房
8.客房
9.厨房及仆人院
10.更楼
11.花园

3　9　　18 m

图1-5　祁县乔家大院平面示意

第三节
晋系传统民居营造技艺的传播

在近代建筑的发展历史中，与西方建筑文化的传播与影响过程相对应的是晋系传统地域建筑文化的承续与演化。在整个时代背景下，面对西方建筑文化的侵入和冲击，晋系传统建筑体系努力在新旧文化、中西文化中寻求平衡，形成"文化承续"的地域发展特征，即根植于传统建筑文化，有选择地吸收外来建筑文化和先进建筑技术，在源远流长的传统地域建筑基础上发展和延续。

传统建筑继续发展并大量建造：有的继续保持传统空间布局特点并与外来建筑样式结合；有的采用地域营造方式将外来的建筑类型逐渐消解，呈现出外来建筑不断地域化的过程。

从结构技术上看，传统木结构承重体系与西方砖混技术相结合，演化出木架屋顶与承重砖墙的混合体系。为使屋顶外形仍然具有传统坡屋顶的特征，中小空间建筑仍采用传统抬梁式屋顶结构，大空间建筑则采用特殊处理的西式三角屋架或人字架。

从建筑表现形式上看，旧有建筑类型大多仍保持着因地制宜的传统品格和乡土特色，外来的新体系建筑类型也多融入中式的设计手法，即主体延续传统地域建筑风格，局部装饰采用西洋建筑样式，最为典型的是山花、拱券、线脚、砖柱、门窗部位的细部装饰等。例如，阎锡山故居都督府包含鲜明的地域化建筑元素(图1-6)。

大多数建筑的设计施工不再以建筑师为主导,而是以建造者和工匠为代表的民间非主流群体开始承担主要工作,他们以民间性的方式延续并发扬了传统地域建筑文化,同时促进了中西建筑文化的交融。

图1-6　阎锡山故居都督府过厅

第二章
晋系传统民居的分布与
影响因素

山西历史悠久,自然环境复杂,有丰富多彩的人文地理环境。众多的考古资料表明,山西古建筑从起源、发展到演变,建立起了比较完整的发展脉络,体现了中华文明的发展历程。山西地区有着独特的自然和人文环境,形成自己的民居特征。自然地理环境与人文地理环境因素对晋系民居形态的形成与发展有着深远的影响,民居的形式则是这些因素的外在表现。晋系民居体现地域文化以及环境与文化的协调。

第一节
晋系传统民居的地域分布

"地域"通常是指从古代沿袭而来的历史区域,但历史的发展改变了古代区域的精确性,一些地域概念已逐渐模糊化,所以在相同地域条件下的民居形态往往具有共同的特征,处于不同地域条件下的民居形态则特征迥异。人文环境是可变的,自然环境是相对稳定的。一定的社会结构在一定的历史时期内、地域内是相对稳定和协调的。在一定的地域内,人们使用相同的方言,从事同样的生产劳动,有着共同的信仰和价值观念,传承了一致的建造技术,从而使得处于特定区域内的民居形态具有很大的同质性,得以固守和传承,留存至今。山西民居产生于特定历史时期和特定空间区域,所以山西民居的地域分界,不以今日的行政区划为参考标准,而以历史和地理变化情况、农业区划及方言分布范围为依据进行界定。

从历史和地理变化情况的角度看,山西地域至少在战国时期已形成,韩、赵、魏三家分晋时,已有明确的界线。秦汉实行郡县制,境内产生了河东郡、太原郡、上党郡、雁门郡、西河郡等,位于晋东南、晋中、晋南、晋北及晋西地区。这些地区具有独特的自然、文化特色。明清两代实行省、州(府)、县三级,基本上延续了秦汉地域划分的特点。特别是明代,平阳、太原、大同、潞安、汾州五府使得山西省境内地域划分更为清楚。

从山西农业区划的角度看,山西农业文明有着悠久的历史,在1万多年前,已经出现了原始农业。夏商周时期,晋南和晋东南、黄河、汾河周边以农耕经济为主,山西省北部和西北部是以游牧经济为主。到南北朝时期,中国北方旱作农业耕作技术体系在山西已经形成。在隋唐时期,山西大部分地区普及旱作农业耕作技术,晋西也由畜牧业转型为农业。区域差异使山西形成7个不同的类型和特征的农业区,即晋南区、晋中区、晋东南区、晋东区、晋西区、晋北区和晋西北区。

山西方言分布范围表现出与古代地理区划惊人的一致。据《山西方言调查研究报告》统计分析,山西方言的类型非常丰富。全省方言区共分6片,分别是以太原为中心的中区,以离石为中心的西区,以长治为中心的东南区,以大同为中心的北区,以临汾为中心的南区,东北区则只有广灵一个县。

尽管随着岁月的流逝,山西古代地区概念逐渐变得模糊、景物易貌,但仍然是晋系民居地域分区的重要依据。本书以山西的历史、地理、农业区划和方言为线索,根据山西民居的内部结构和外部表现特征,将山西民居分为五个区,即晋中民居、晋东南民居、晋南民居、晋西民居和晋北民居。

晋系民居地域分区与今日行政区划的对应关系如下:

①晋中民居分布在明代太原府的大部分地区和汾州府一部分地区,包括今日的太原市、晋中市、阳泉市和吕梁市的少部分县市,所属

县市有太原、阳曲、清徐、古交、娄烦、榆次、太谷、祁县、寿阳、榆社、灵石、昔阳、和顺、左权、汾阳、平遥、介休、孝义、文水、交城、阳泉、平定、盂县等。

②晋东南民居分布在明清两代的潞安府、泽州府,即今日的长治市和晋城市,所属县市有长治、潞城、黎城、平顺、壶关、屯留、长子、沁源、沁县、武乡、襄垣、晋城、泽州、阳城、陵川、沁水、高平等。

③晋南民居集中在明清两代的平阳府和蒲州府,即今日的临汾市和运城市,所属县市有运城、芮城、永济、平陆、临猗、万荣、河津、夏县、闻喜、垣曲、稷山、新绛、绛县、临汾、侯马、乡宁、吉县、安泽、曲沃、襄汾、翼城、浮山、古县、洪洞、霍州等。

④晋西民居主要分布在晋陕大峡谷东岸,即古代汾州府的大部分地区,包括今日的吕梁市大部分和临汾市、忻州市的一部分地区,所属县市有离石、中阳、柳林、临县、方山、岚县、兴县、石楼、交口、隰县、大宁、永和、蒲县、汾西、静乐等。

⑤晋北民居分布在明清两代大同府、朔平府、宁武府和太原府北部的一部分地区,即今日的大同市、忻州市和朔州市,所属县市有大同、左云、阳高、天镇、浑源、灵丘、广灵、朔州、怀仁、平鲁、右玉、应县、山阴、忻州、繁峙、定襄、原平、五台、代县、神池、宁武、五寨、岢岚、保德、偏关、河曲等。

这5个区域基本上反映了山西民居建筑形态的多样性,符合山西古代文化的发展规律。如果从东西来看,太行山西麓的晋东南地区和河北的文化类型相似;沿黄河岸边的山西西部包含有陕西省文化因素。若从南北来看,汾水中下游的晋南地区有河南文化因素,而晋北地区的文化类型与北方草原地区在结构、风格上明显统一。

由于受到自然及人文条件的影响,晋系民居随其所处的地域不同而呈现不同的建筑形态,与山西古代文化的发展轨迹相一致。

第二节
自然因素对晋系传统民居营造技艺的影响

山西省简称"晋",旧时别称"山右",是中华文明的发祥地之一。境内全国重点文物保护单位数量居全国之首。山西古建筑具有时代早、分布广、类型全、数量多、价值高等特点,被人们称为"中国古代建筑的宝库"。

建筑的产生、发展与演进,与其周边环境分不开。人类的生存离不开地理环境。阐明山西特定的人、古建筑与地理环境的关系,是研究晋系传统民居必不可少的环节。山西具有鲜明的地理特色,不了解这些特点,就不能系统地了解晋系民居的本质和内涵。

一、地理区域

山西位于黄河中游,因在太行山以西,故称"山西"。它地处华北平原西部,属内陆省份,是华夏文明发育较早的区域。山西东与河北省毗邻,太行山是其天然屏障;西与陕西省相望,两省之间以黄河大峡谷为堑;北有内、外长城,与内蒙古分界;南接河南省,以中条山、黄河分野。东、西、南三面与邻省有天然界限,自然地理环境封闭。省境南北长680多千米,东西宽380多千米,总面积约15.63万平方千米。总的来看,山西在地图上的形状近似平行四边形。山西省外河内山,山川形势险固,素有"表里山河"之美称,形成背负西北高原大山、俯瞰东南广袤平原的雄浑地势。

二、地 形 地 貌

　　山西境内分布有丘陵、盆地、台地等多种地貌类型。山地和丘陵占80%以上,平地不足20%,属多山地区,地形较为复杂。靠近河川沟谷处有较少基岩裸露,大部分地区被黄土覆盖,厚度为10~30米。山西全境地势起伏,高低悬殊,重峦叠嶂,沟壑纵横,海拔最大高差2800余米。根据地貌类型的差异,全省可被划分为三个部分:东部山区、中部盆地和西部高原(图2-1)。

　　受地形地貌的影响,晋系传统民居可分为平地和山地两种建筑形态。一般而言,城乡聚落多分布在较为开阔的河沟阶地。在一些沟壑纵横的地带,沿沟崖两侧形成窑洞山村,如吕梁李家山(图2-2)。一些地处黄土丘陵的村庄,往往依山靠崖,掘土为窑。靠河沟处多有石头,

图2-1　晋西地貌

图2-2　吕梁李家山

当地居民常用混石垒砌窑洞。在一些易于开采煤炭的地方,烧砖较易,多用青砖砌筑窑洞。锢窑即为砖石砌筑,内部空间形成台院式,更适用于地形变化复杂的地区。然而在盆地中,传统民居往往选用砖木结构,庭院深深的较大规模建筑群因而形成。

│ 三、地 质 条 件 │

　　山西地处黄土高原,地表广布黄土,按照其生成的年代,可划分为古、老、新和现代黄土四种类型。地质学家和考古学家曾在山西隰县午城的古黄土地层和山西离石的老黄土地层内,发现了中更新世的动物化石,故将古黄土和老黄土分别称为"午城黄土"和"离石黄土"。新黄土被称为"马兰黄土"。以上四种黄土的地质特征和力学性各有不同。午城黄土没有较大的孔隙,也无湿陷性,质地紧密、坚硬,柱状节理发育,是黄土丘陵区中、下层的重要组成部分,难以"穿土为窑"。离石黄土面积广阔,细腻而均匀,其中还含有一定比例的姜石,使得土质细密,壁立5~10米而不倒,开挖黄土窑洞最为理想。

山西境内广布离石黄土。就山西黄土地层的构造而言,一般认为可分为三个层次,上部为马兰黄土,中部为离石黄土,下部为午城黄土。这样的地质构造是山西早期窑洞建筑产生和发展得天独厚的地理及资源条件。在生产力水平极度低下的原始社会,这样的地质构造最容易被古人利用,古人掘土筑窑,山西从而成为中华文明发育最早的地区之一。

四、资 源 条 件

　　晋系古建筑形成于公元前3000年至战国秦汉时期。此时的山西,森林面积约占63%,草地面积约占6%,自然条件较好。丰厚的自然资源条件及工匠精湛的手工技艺,为晋系古建筑的早期发展提供了物质资源和技术保障。据载,在晋南中条山南麓的黄河岸边,森林密布,以檀木为主。汾河、涑水河流域则有桑、榆、栗、竹、漆等各种树木,其中大量的漆树为山西髹漆技术的发展奠定了基础。当时的吕梁山脉仍然被森林覆盖,晋东南地区的沁河、丹河流域以及晋北地区也是林木茂盛。这些原始森林,由南至北,为晋系木结构建筑的发展提供了丰富的物质基础。

　　山西矿产资源丰厚,煤、铁、铜、石膏等分布广泛。据文献记述,山西的煤炭开采历史比较悠久。北魏时,山西人已熟练掌握了如何充分利用煤炭,到唐代时煤炭的开采更为普遍。在宋元时期,山西就已经成为国家的主要产煤地区,至元、明、清时期,煤炭更是广泛用于烧砖、制瓦、冶陶。晋系古建筑的结构、构造和材料发生了质的变化。此外,人们还将煤炭广泛应用于金属的冶炼。山西不少地方铁矿资源丰富,据《汉书·地理志》记载,当时设有铁官的郡县全国计49处,涉及山西的就有河东郡的安邑、皮氏、平阳、绛,以及太原郡的大陵。当时山西铁矿的开采、冶炼分布于晋南汾河谷地、中条山南北、晋中太原盆地和晋东南上党盆地等地区。晋系古建筑的铁制构件非常普遍,如避雷针、铁箍门、铺首、屋脊、门钉等。还有一些城堡建筑,是用冶炼铁件废弃的坩埚叠砌城墙,令人惊叹不已。

春秋战国时期,山西制陶手工业非常发达,人们不仅烧制大量的生活用品,还将制陶技术广泛运用于建筑中。山西出土了大量的早期板瓦、筒瓦、瓦当、瓦钉、栏杆等建筑构件,其技艺水平已达到一定高度。从近年来山西出土的汉代砖墓来看,空心砖的制作工艺高超、形制多样,不仅有矩形、方形、三角形,还刻有植物、人物、文字等花纹图案。这说明秦汉时期,与建筑材料有关的手工业作坊已在山西广泛分布。从山西现存的琉璃砖塔、琉璃影壁、寺庙琉璃瓦作等建筑构件来看,至明朝,山西制陶技术已炉火纯青,为明清时期晋系古建筑的发展提供了条件。

五、气候分区

山西的气候区域可分为6个:晋北中温带寒冷半干旱区,恒山、五台山、芦芽山、吕梁山山地暖温带温冷半湿润区,忻定、太原盆地暖温带温冷半干旱区,晋西暖温带温冷半干旱区,晋东南暖温带温冷半湿润区,晋南暖温带温和半干旱区。

山西的气候特征可归纳为五点。一是高低温差悬殊,昼夜温差大。山西气温冬季较长,寒冷干燥,夏季则高温多雨,年平均气温为6.5 ℃~9.0 ℃,最大日差在24 ℃~31 ℃。白天气温高,日照充足,夜间气温低,寒气逼人。二是日照丰富,仅次于青藏高原和西北地区。全年日照时数2200~2900小时,年日照率为58%。山西南部日照时数2258小时,日照率51%,北部地区日照时数2818小时,日照率64%。三是春季气候多变,风沙较多。由于春季风大,位于黄土高原的山西土壤松弛,植被覆盖差;当大风袭来时,多刮起大量的黄土与沙石,易形成沙尘暴、扬沙、浮尘等天气现象。四是干燥。年平均降水量为450毫米,年平均蒸发量却很大,是降水量的4倍。春季气温回升快,蒸发力强,空气干燥,故有"十年九旱"之说。五是冬季干冷少雪,冬旱时有发生。山西冬季寒冷干燥,最大冰冻层年均125厘米左右。由于冬季多风少雪,极易发生冬季干旱,受此影响,晋系古建筑常设置火炕用于取暖。

第三节
人文因素对晋系传统民居营造技艺的影响

山西的文明发育较早,源远流长。人类自产生以来,便具有两种属性,即自然性和社会性。建筑会反映社会文化、社会意识、人类行为、风俗习惯等。任何一种建筑形态都是社会的一面镜子,是人与人之间关系的物质反映。所以,人文环境因素对晋系古建筑形态的影响是很大的。山西的人文地理环境是晋系古建筑持续发展的动力源泉。

一、历 史 沿 革

在古代的文献中,《禹贡》最早记录了山西的地理区位。据此可知,山西古代属于冀州,是中华民族的始祖炎、黄二帝最主要活动的地区之一。随着考古发掘的日益深入,尽管学界少数人对地处襄汾县的陶寺遗址持有不同看法,但认为它是"尧都平阳"的观点越来越趋于一致,说明该城址不仅是帝尧的活动场所,也是中华五千年文明史的主要源头。

山西的晋南及晋东南地区,夏代时曾是先民聚居和活动的重要地区。公元前17世纪至公元前11世纪,山西是商王朝的重要统治区域。今山西翼城、侯马一带,河汾以东的广袤地区,是尧的后裔唐国属地。周代时,周成王分其弟叔虞于此,后改"唐"为"晋",晋国在山西境内崛起,"晋"成了山西省的简称。据《左传》载,当时晋国有50余个县,记有县名的有12个。战国时期,韩、赵、魏三家分晋,"三晋"遂成为山西的别称。秦统一后,在今山西境内置5郡21县,其中5郡分别是河东郡(治安邑,今山西省永济市)、太平郡(治晋阳,今山西省神池县)、上党郡(治长子,今山西省长子县)、代郡(治代县,今河北蔚县)和雁门郡(治善无,今山西省右玉县南)。西汉平帝时,山西中、西部属并州刺史部,下领雁门郡、太原郡、上党郡、西河郡和代郡等,山西南部则属司隶校尉都的河东郡。此时,以太行山为界来划分山东、山西,《后汉书·邓禹传》有"斩将破军,平定山西"的说法,表明"山西"作为地区名称开始出现。隋统一全国后,山西境内有14郡,分别是长平郡、上党郡、河东郡、绛郡、文城郡、临汾郡、龙泉郡、西河郡、离石郡、雁门郡、马邑郡、定襄郡、楼烦郡及太原郡。

唐高祖李渊起兵太原,建立了唐王朝。因此,山西是"龙兴"地,唐帝国以山西为腹地。到了五代,山西仍然是中国北方的政治和军事重地。宋、辽、金时期,山西是中国北方地区经济文化发展的中心。元代,山西、山东、河北和其余11个省,并为元王朝"腹地",大同市、平阳(现在的临汾)、太原市已成为著名的黄河盆地都会。当时山西地区经济繁荣、文化昌盛,曾受到意大利旅行家马可·波罗的盛赞。明代实行省、州(府)、县三级制,初设山西行中书省,不久改为山西承宣布政使司,领5府、3直隶州、77县。其中,5府分别是平阳府、太原府、汾州府、潞安府及大同府。清朝前期一直延续明朝的建制,雍正三年(1725年)增置朔平、宁武2府,雍正六年(1728年)升泽州、蒲州为府。从此山西省领9府、10直隶州、6散州、12直隶厅、86县,山西作为一个完整的地方行政区正式置省由此开始。明清两代,山西的商业迅猛发展,在全国处于领先位置。晋商号称"中国十大商帮之首",其足迹东出日本,北抵沙俄。山西人不仅创造了中国商业金融的辉煌,而且创造了适合自身生存环境的、灿烂的古代建筑文化。

| 二、民族熔炉 |

自古以来,作为多民族文化交融的大熔炉,山西是各民族频繁接触的地带之一。古代山西,南部以农耕经济为主,北部以游牧经济为主,大致分为两大经济类型区,文化分界十分明显,从而导致山西农耕经济的不平衡发展。明代以后,政府采取了垦荒与屯田措施,使得该地区的农耕经济得到进一步发展。在今天,所谓"堡"和"屯",作为一种聚落的称谓延续至今,已成为山西特有的村名,例如右玉县铁山堡(图2-3)。

图2-3 右玉县铁山堡

山西是中原文化与北方文化的过渡地带,三晋文化具有兼容并包的特点。早在西周时期,晋国就采取了"启以夏政,疆以戎索"的治国方略,至春秋,发展成为"和戎"政策。多民族在经济、文化上相融合,使得山西的文化艺术更多地反映出多元文化的特点。山西在北朝、辽金时期的建筑、造像艺术就是最好的反映。历史上,山西与匈奴、鲜卑、突厥、契丹、女真等北方强族世代为邻,在与北方民族的文化交流中起着熔炉的作用。

山西地跨两大文化区的特征,对晋系古建筑的产生、发展与演进产生了深远的影响。苏秉琦指出:"中原仰韶文化的花、北方红山文化的龙、江南古文化均相聚于晋南。"据考证,传说中的部落土方和鬼方在今晋西地区。从出土的大批文物来看,山西一些地区的商代文物既有殷商文化的特点,也吸收了我国北方斯泰基文化的特色,其艺术形式表现出与东欧、中亚细亚和北方草原在题材、结构和风格上的明显统一。宋、辽、金时期,山西隔黄河与西夏王朝相望。西夏王朝在吸收华夏族先进文化的同时,仍然主张按照党项族的风俗习惯安邦立国,反对礼乐诗书,认为"斤斤言礼言义"绝没有益处。这对晋系古建筑的发展产生了较大的影响。

| 三、京 师 锁 钥 |

山西是汉唐和宋元时的重要交通要塞,成为历年来兵家的必争之地,即"京畿屏藩"。这种政治地理区位优势是非常明显的。晋文公称霸中原、汉高祖白登之围、曹操安置五部、五胡十六国乱华、拓跋氏建都平城、李渊父子龙兴并州、北宋征讨北汉、辽金建立西京等,中国历史上的一次次重大变革,都与山西有着千丝万缕的不解之缘。在明代初期,全国范围内设立的九镇中,仅在山西就有两处,即大同镇和山西镇。其中大同镇为山西行都指挥使司驻地,分管山西北部长城,又称外边;山西镇初名太原镇,驻宁武关城,分管外三关防务,即内边。由于军事的需要,大同镇设10卫、7所、583堡寨,山西镇设2卫、4所、58堡寨。明朝还采取"开中制"的政策,鼓励商人经营边境贸易,山西商人在明清两代又一次崛起,以其雄厚的经济实力在其家乡大规模修建宅邸,富甲一方。到了清代,这些军事据点的军事功能逐渐淡化,慢慢演变成民堡,随着人口的不断繁衍,有的形成行政村,有的形成自然村。正因为如此,时至今日,冠之以"堡""垒""壁""坞""寨""镇""卫"等名称的城乡聚落,遍布三晋大地。它们既是先民生产活动的场所,也是晋系传统民居的重要组成部分。

四、社 会 意 识

　　山西与邻省由山河分开,自然封闭,山区因交通不便,严重阻碍了人类社会的广泛交往。缺乏社会交往很容易导致人们产生保守的社会心理。艰苦的生活、和大自然的斗争,对天地的崇拜、对众神的崇拜、对风水的禁忌,尊重血缘关系,努力追求事业成功等,都在晋系古建筑中有所体现。

　　晋系传统民居的建造反映了约定俗成的禁忌习俗。这些禁忌限制了人们的思想和行为,体现在设计和建设的各个方面,如选择基址、破土、基础、墙、顶、梁、择日、装修及入口位置,房间的间数,房屋的高度等都有相关的禁忌。在选择基址时,请风水先生分辨范围,看阴阳。他们认为,凡是城门口、监狱门口、百川口等地方绝不是建房的佳址。如果在山区,一些住房是不一定选择坐北朝南的,而是把高的一面作为主屋方向,剩下的为配房,体现人崇高的心理支配。如果一座房子比另一座低,那么在中间的屋顶上往往多建一砖高,或建立一个类似庙宇的小建筑以保持平衡。居高不让者,显然有居高临下之势,以势压人,据说会压了别人的运气和吉利。此外,若是在房屋顶上修

图2-4　晋中市榆次区后沟村街口五道庙

吉兽或猛兽者，不能让吻兽张开的大嘴面对别人家，否则有吃掉他人之嫌。另外，也有"居不近市"的说法，显然是受"以农为本"的思想影响。

山西流传着一句俗语："八月十五庙门开，各路神仙一起来。"山西农村社会的一个突出特点是不统一的宗教与多神崇拜的特色，这主要是由于古代人们认为"万物有灵"。山西境内寺庙遍及各地，晋中市榆次区后沟村街口五道庙为其中一处（图2-4）。人们祈祷，不是信仰某种宗教，而是为了生活，希望得到神灵的帮助，带有鲜明的实用性和功利性。事实上，村民们并不关心深奥的教义和世界观之类的问题，他们信仰宗教的目的是解决现实生活中的实际问题。受此影响，山西民间信仰十分复杂。这就是山西民间信仰的特点。

一般而言，晋系传统民居体现着封建礼制的等级观念。这实际上是与农耕经济的生产方式分不开的。远古的农业需要由氏族的家长组织一定规模的集体劳动，以维护家长的地位，这样便很容易借助祖先崇拜的方式形成等级观念，并加强血缘关系，所以很多大户人家的民居是以家族祠堂为中心的，例如祁县乔家大院（图2-5）。此外，以村为单位的民间自治组织在山西很发达，到清代更趋完善。"社制"便是其中的一种，这种组织具有完备的组织机构和等级秩序，一般由"纠首"行使行政权力，主持以村为单位的祭神、庆典、庙会、社戏等活动。通常，等级观念表现在社会方面的有天、地、君、亲、师等尊卑顺序，表现在家庭内部的则为长尊幼卑、男尊女卑、嫡尊庶卑。在山西，则常常体现为上窑为尊、厦窑次之、倒座为宾的等级秩序。

图2-5　祁县乔家大院

在山西,通过科举走仕途对改变人生命动和生活环境最为有效,所以当地先民处处流露着对文化的敬意和对书卷纸墨的珍惜,而且"耕可致富,读可荣身"的观念很突出。在一些砖雕、木雕、剪纸、炕围画等艺术形态中,常常可以看到以"劝学"为主要内容的表现题材,如"三娘教子""渔樵耕读""连中三元"等,在一些匾额和对联上也常能看到如"耕读传家""天下第一等人忠臣孝子""世上头二件事耕田读书"等。此外,在不少聚落中,还常常建有文昌阁、魁星阁(图2-6)、文峰塔等一类的建筑物,村民希望文曲星降临,村中能多出文人。这无不都体现着当地乡民的一种崇文心态。

图2-6　新绛县西庄村魁星阁

第三章
晋系传统民居的空间布局与建筑形态

第一节
晋系传统聚落的选址布局

　　晋系传统聚落的选址可以分为两大类，即山地聚落和平原聚落。晋系传统聚落大多是由家族聚居、人口繁衍逐渐扩大的，这种稳固的血缘关系是聚落形成的基础。这些聚落在交通相对便利、地势比较平坦、有利耕作、接近水源、自然条件比较优越的地方形成。

│ 一、选址负阴抱阳 │

　　无论是从自然景观还是从生态环境来看，"负阴抱阳"都是最佳的聚落选址。依靠山脉南坡建设，前低后高，有利于争取日照，朝向好。山西许多山地聚落结合山势灵活布置，依山就势，因地制宜，高低叠置，参差错落。聚落与周围的山脉、绿地连成一体，相互渗透，自然山势与人工建筑交相辉映，使聚落与自然环境融为一体。

　　地处黄土丘陵地带的汾西师家沟村民居，就是循山坡之势而建的民居典范。该村从低处进入，步步登高，直至山顶。从高处往下俯瞰，全村建筑呈现出一种起伏跌宕的层次美，给人一种无限风光尽收眼底的开阔感；从低处往高处仰视，整个村落气势恢宏、巍然屹立在山岗上。这种聚落形态是自然地理形势所赋予的（图3-1）。

图3-1　汾西师家沟村

图3-2　临县李家山村

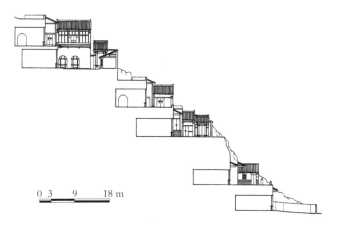

0　3　　9　　　18 m

图3-3　临县李家山村东侧剖面示意

临县李家山村，其民居依据地形层叠建设，下部建筑的屋顶就是上部建筑的庭院，使得室内外空间贯通。这种因地制宜的建筑方式体现了乡民高超的创造力，更体现了一种人与自然的统一与和谐。这些窑洞建筑形成一些极具特色的空间。它们顺山形台地跌落而下，构成相对完备的叠院体系。这些院子彼此互连，上下相通，院内形成公共活动场所，院顶作为入口及交往平台，是中国传统合院体系与山地特色相结合的产物（图3-2、图3-3）。

| 二、依水而居 |

　　水是生命之源,依水而居是人类的自然属性使然,所以晋系的乡村聚落往往靠近河流、湖泊。即便是在山区建设的乡村,位置也是在基岩裸露的山涧盆地附近,以便充分利用雨水或溪水。据《山西古村镇》一书统计,山西目前保存较好的古镇古村,主要集中在黄河流域、汾河流域和沁水流域,符合人类依水而居的一般规律。

　　高平市良户村,三面环山,河水萦绕,北为凤翅山,南对双龙岭,正冲虎头山,西与高平关老马岭相连。原村河经村前流过,东沟河自蟠龙寨之东流出,寨沟河自凤翅山经村东汇入原村河,西沟河自凤翅山经村西流入原村河。良户村负阴抱阳、四河会水,是一处产生于农耕文明背景下的、最为理想的人居聚落(图3-4)。

　　上庄村位于阳城县东,润城镇东北。村落中上庄河汇聚阁沟及三

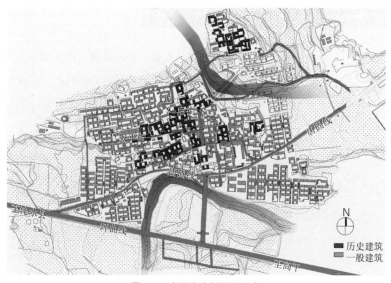

图3-4　高平良户村平面示意

图3-5 阳城上庄村鸟瞰

皇沟两沟之水,由东向西穿村而过,经永宁闸进入中庄、下庄,汇入樊河,为季节性河流,俗称"庄河"。沿庄河的水街是上庄村聚落的"脊椎"与核心(图3-5)。

郭壁村位于沁水县东南部,与窦庄村相邻,毗连沁河岸边,古为沁河的一个重要渡口。村落四面皆山,村中的建筑依山而建,高低错落,绵延起伏。村前有沁河缓缓流过,风景优美,是典型的滨水型村落(图3-6)。

三、利 于 防 卫

现存的晋系传统乡村聚落,大部分形成于明代。明末清初,社会动荡,特别是陕西农民军的数次侵扰,给山西乡民造成

图3-6 沁水郭壁村平面示意

很大恐慌。传统社会安全保障是晋系乡村聚落选址考虑的重要因素，一些易守难攻的地域，便成为聚落的理想基址。在一些平原地带，无险可守，境内居民多修筑堡寨御敌。堡寨正是基于这种目的而出现的典型聚落。清中期，一个堡就是一个村。明代所修的夏县牛家凹堡，光绪年间已形成乡村聚落，人口稠密。

王化沟属于宁武县涔山乡，村落建在悬崖绝壁间，远望好似空中楼阁、天上人家。王化沟村深匿于深山老林中，具有理想的防卫功能。村庄背倚悬崖，面临深渊，分布在近500米的绝壁上，海拔2300多米。村西石崖上耸立着一块长条巨石，村民亲切地称其为"石人"，村庄所依托的大山被叫作"石人山"。村民的房屋依崖就势，高低错落，坐北向南，避风向阳，至今仍有清代建筑被完好无损地保存着。因山腰悬崖空间狭窄，房屋后部坐落在崖石上，前半部则悬空而建，下面以竖立在天然石壁上的大木柱支撑，看似危险，实则相当坚固。有的房屋地盘不足，就向空中伸展，因此还有许多楼阁式建筑。房前无院，只有一条走廊。各家走廊之外多用木料横竖组合，悬于空中，便是道路，十分奇特。骡、马、牛、羊、猪圈虽然不像住人的屋子那么讲究，但都经过精心策划，合理布局，使牲口不至于掉下山。（图3-7、图3-8）

位于平定县娘子关镇西8

图3-7　宁武王化沟村全景

图3-8　宁武王化沟村民居

千米的下董寨村、上董寨村,始建于东汉中平年间(184—189年)。董卓垒依山面河,以石头筑成,建在卧龙岗上,其下有水流湍急的温河,历史上称其车不能行、马不能并,一卒当道、万夫莫入,进可出太行直下冀中平原、扼控燕赵,退可依河东大地、据险防守,是我国历史上重要的关隘要道之一。现存古垒分为上董寨、下董寨两村,上董寨地势平缓,下董寨地势险要。古街内均为青石砌筑,两侧院落也多为石头建筑。(图3-9、图3-10)

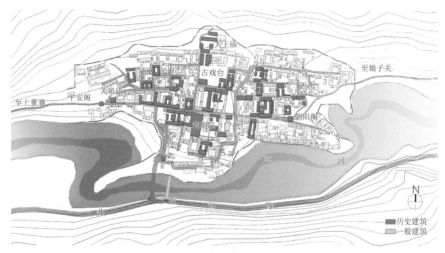

图3-9　平定下董寨平面示意

图3-10　平定下董寨村

夏门村位于灵石县城西南约10千米,处于太行、吕梁两山对峙的汾河峡谷处。因其地理位置独特,该村自古成为兵家必争之地。夏门村依山傍水,前有汾河,后有山脉,由下自上,拾级而修。古堡核心区自下而上一条巷道贯通,自旧街入堡处建有头堡门,沿石巷道至堡后的后堡门,前后两门一关,堡内自成一体。进头堡门往东,经二堡门,折三堡门便进入百尺楼中心区。夏门村最让人叹为观止的当属建于汾河之滨、悬崖峭壁之上的"百尺楼"。该楼面东倚西,紧临滔滔汾水,如刀劈斧凿般笔直通天,高40余米,为4层砖拱建筑,层层用木梯相通,一直到楼顶,具有较强的防卫性。

湘峪村位于沁水县东南部,依山而建,群山环绕,村前有小河,环境优美。湘峪村古堡竣工于明崇祯七年(1634年),在孙居相、孙鼎相等人的倡议和主持下修建而成。孙居相、孙鼎相是兄弟俩,均为进士,也是湘峪村明末最为著名的人物,和湘峪村的兴盛密切相关。古堡周长约760米,依山势而建,筑有3座堡门,东门曰"迎晖门",堡门石额犹存;西门曰"来奕门",堡门有石刻匾额"来奕";南门曰"薰宸",堡门石额立于门内石墙上。南堡墙沿小河而建,岸边悬崖峭壁上建有藏兵洞、角楼等,提高了防御能力(图3-11)。

图3-11　沁水湘峪村

| 四、利 于 生 产 |

　　山西传统乡村聚落不仅与自然结合,创造了村落中自然环境之美,而且靠近农田,方便农业生产。

　　临县西湾村位于碛口镇一两千米处,背靠眼眼山,左邻湫水河,依山傍水,避风向阳。因其处于侯台镇西侧的山湾里,故称"西湾村"。西湾村于明末清初,随碛口镇水陆码头一并崛起。西湾村依山而建,较平坦的台塬地带留作农田。远眺该村落,山形、水色、田畦、人家,自然完美地结合在一起,体现了人与自然的和谐共处。该村是传统人居环境的杰出典范(图3-12)。

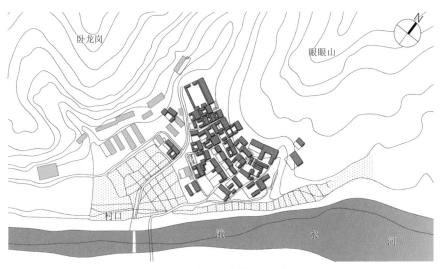

图3-12　临县西湾村平面示意

五、交通便捷

在自给自足的农耕社会中，聚落的交通条件并非最主要的选址因素。随着商品经济的发展，乡民逐步打破了"居不近市"的传统观念，于是在山西的古驿道或交通枢纽处，出现了规模较大的乡村聚落。

拦车村属泽州县晋庙铺镇，因传说这里为"孔子回车"之处而得名。该村是在古代著名的"星轺驿"基础上发展起来的传统乡村聚落。民居宅院四周均为两层建筑，院落的尺度较大，显得颇有气势。村中的主要街道就是古代的交通驿道，保存较为完整（图3-13）。

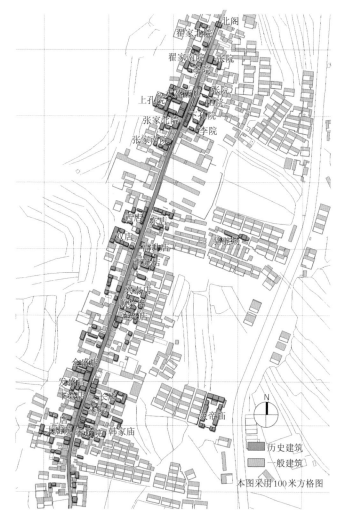

图3-13　泽州拦车村平面示意

第二节
晋系传统民居的类型与布局

　　就地取材、因地制宜,是乡土聚落中民居建造的普遍规律。由于自然地理条件的千差万别,晋系传统聚落的民居形式风格迥异。山西地处内陆,交通不便,物资转运困难。基于此,乡民只能依据当地的实际情况建设自己的家园。如在晋东及晋东南的太行山区,基岩裸露,植被较好,所以利用石材、木材建造房屋较为普遍。而在晋西、晋北等丘陵地带,黄土广布,适于"穿土为窑",居民多依山靠崖挖掘窑洞,形成"家三家两自成村,小住洪崖辟洞门。漫道穴居同上古,此中别具一乾坤"的村落景观。在汾河流域的晋中、晋南地区,交通条件较之别处尚属便利,历史上也较为富庶,民居普遍采用窑房合建或砖木结构形式,建筑质量较高。

　　晋系民居在不同的时代和地域呈现出不同的特征。从构筑方式来看,主要分为窑洞式和砖木结构式两种类型。窑洞式民居又可分为黄土窑洞和砖石窑洞两种。黄土窑洞主要分布在山区,这种构筑方式经济适用、施工便捷,是晋系民居的重要形式。用砖石砌筑拱券窑洞,大致成熟于元末明初,平面以一字形、三合院、四合院为主。砖木结构的民居分布于河流谷地的平原地区。这里黄土丰厚,煤炭资源充足,可以用来烧砖制瓦,为砖木结构民居的建造提供建筑材料。山西现存最早的砖木结构民居是位于高平市中庄村的元代姬氏民居,也是我国现存最早的木结构民居建筑实例。村中现仅存正房3间,砖木结构,坐北朝南,明间设板门,单檐悬山顶,檐柱带有生起和侧脚,举折平缓,造型古朴(图3-14至图3-16)。

明清两代,山西商业与金融业繁荣,在晋中、晋南及晋东南地区出现了一大批豪宅大院。其中,以太谷、祁县、平遥、灵石等地的大院保存最为完整。这些大院的共同特点是规模宏大、规划严谨、空间内向、装饰豪华、壁垒森严、内涵丰富,例如晋中市灵石县静升镇视履堡(图3-17)。

概括来讲,晋系传统聚落中的民居主要有窑洞、石头房、砖瓦房、砖木房、平顶房、茅草房、土木房几种形式。

图3-14 高平姬氏民居正房外观

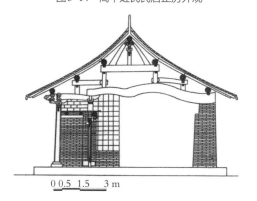

0 0.5 1.5　3 m

图3-15 高平姬氏民居正房剖面示意　　图3-16 高平姬氏民居元代题记

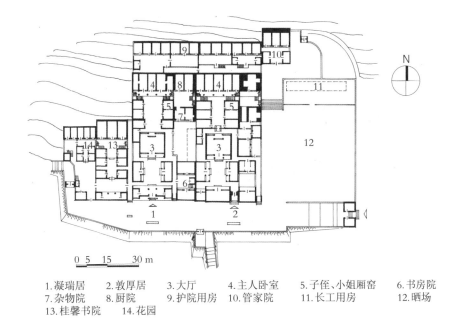

1.凝瑞居　　2.敦厚居　　3.大厅　　4.主人卧室　　5.子侄、小姐厢窑　　6.书房院
7.杂物院　　8.厨院　　9.护院用房　10.管家院　　11.长工用房　　12.晒场
13.桂馨书院　14.花园

图3-17　灵石县静升镇视履堡平面示意

1.窑洞

在山西，无论是山区还是平原地区，无论是城镇聚落还是乡村聚落，窑洞的分布都非常广泛。

（1）晋西窑洞

晋西窑洞分布在吕梁山脉的广大区域。该区广布黄土，居民普遍贫困，以土窑作为居住形式是最经济适用的选择。这里的窑洞以直接开挖黄土的横穴居为主。（图3-18、图3-19）。

（2）晋北窑洞

晋北"地苦寒，寝处必有火炕，高三尺许"。这里的窑洞建设历史源远流长，如宋代的洪皓出使金国，在路过云中地区（今大同）时，就曾见到"穴居百家"。该地区的窑洞以土窑为主，由于地处高寒地带，窑室内多筑有土炕，以保持恒温恒湿（图3-20）。

图3-18　晋西靠崖村落

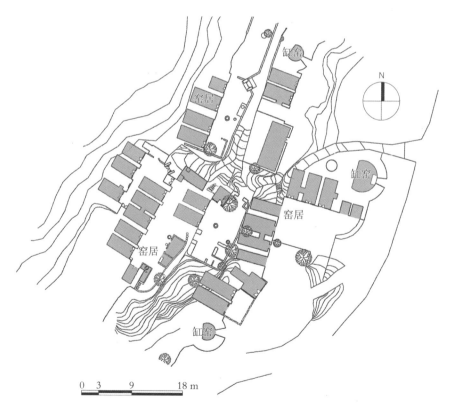

0　3　9　　18 m

图3-19　晋西临县招贤镇化塔村平面示意

图3-20 晋北偏关县老牛湾村

（3）晋东及晋东南窑洞

历史上，明清时期的泽州府、潞安府、辽州、平定州等地都有窑洞分布。晋东及晋东南地处太行山区，一般在地势起伏之地，居民都会凿土挖窑，所以当地保存有为数不少的黄土窑洞。如在辽州（今晋中市左权县），就有"地少平沃，商贾不通，民多穴居"的记载。除了土窑之外，乡民利用石头砌筑拱券窑洞也较为普遍（图3-21）。

图3-21 石砌窑洞

（4）晋中窑洞

晋中盆地，地形平坦，汾河穿境而过。由于窑洞冬暖夏凉，居住便利，这里的乡民偏爱窑洞。如果地处盆地边缘，就以土窑为主要居住形式；如果地处汾河谷地，则用砖石砌筑窑洞。例如汾州府的孝义县，就有"西乡半穴土而居，他乡或砌砖如窑状"的记载（图3-22）。

图3-22　砖砌窑洞

（5）晋南窑洞

历史上的河东地区，主要包括平阳府和蒲州府。这里地势平坦、物产丰富。该地的民居以砖木结构的楼房为主，也有不少窑居分布其间，例如芮城、平陆的地坑窑院就是最典型的代表。地坑窑院又叫"地窨院"，其形制与建造方式既古老又独

图3-23　地坑窑洞

特。一处地窨院，长、宽各三四十米不等，深十几米；在基坑四壁，横向开挖土窑，合理安排人、畜、交通及贮藏空间。在院落中，挖掘旱井，既可用来排出雨水，又可积蓄水源作为生活用水。由地窨院组成的村落，人在远处不容易发现，只有走到近处，才能看清其全貌，所以有"车从屋顶过，声从地下来"的人间奇观（图3-23）。

2.石头房

晋东及晋东南的太行山区石料较多，以石头砌筑院墙、屋墙，用石

图3-24 泽州窑掌村石头房

图3-25 阳城郭峪村砖瓦房

片代替瓦片鱼鳞状铺设屋顶，是当地居民就地取材的一种建造方式。这种民居虽显简陋，但朴实耐用。每当雨后，屋顶的石板被清洗得色彩斑斓，充满野趣（图3-24）。

3.砖瓦房

砖瓦房是指"凡墙壁皆以砖石，上覆以瓦，梁柱窗栈而外，无用竹木者。土石价省于木，故作室者木工少而土石之工多"。这种房屋多为硬山式屋顶，前后用砖砌筑，留出窗格门洞。也有一些地方为防雨水，采用悬山式屋顶，屋脊为扣一层砖再交错扣瓦的皮条脊形式。山西的砖瓦房集中在两类地区，一类为砖瓦价格低廉之地，如晋北的保德、宁武等地区，该区经过历代屯垦，森林资源短缺，一木难求，砖石却价格低廉，乡民就地取材，利用砖瓦造房；另一类集中在经济发达的晋中、晋南及晋东南地区，这里的乡民甚至以砖造楼，如在祁县"民居多以砖为楼房"，而晋南及晋东南的御楼甚至高达5层（图3-25）。

4.砖木房

在山西，砖木结构的民居主要集中在森林资源丰富、盛产木材的地区,或较为富庶的晋中、晋南、晋东南等地区。这些地区的民居多为双出水硬山式二层楼房,楼上较低矮,只作贮藏物品、粮食之用,也不专设楼梯,只有移动式木梯供上下。一些有钱人家的砖木结构楼房则不同,二层也能住人,楼前出厦立柱,楼梯、勾栏一应俱全(图3-26至图3-29)。

图3-26　晋中市榆次区贾家大院砖木楼房　　　图3-27　曲沃县薛家大院砖木楼房

图3-28　阳城县上庄村望月楼后院砖木楼房　　图3-29　汾西县师家沟村砖木结构房屋

5.平顶房

平顶房前低后高,老百姓称之为"一出水"。前面采用木柱式,满面开窗,采光较好;屋顶用碱地淤土与麦秸和泥抹成,利用泥的下渗特点使干裂的缝子自然愈合,屋顶逢雨不漏,隔两三年再抹一次。这种结构的房屋,主要集中在太原附近,每当五谷丰登,屋顶便成了晒场,五谷杂粮将屋顶装饰得色彩斑斓、秋韵盎然。

6.茅草房

居住在茅草房的多为贫民阶层,茅草屋在古代较为普遍。山西茅草房多在山区,集中于晋东、晋东南的太行山。这里雨水相对较多,适宜茅草生长,盖房取材方便。山区人民生活疾苦,居住条件恶劣,居民就地取材建造茅草房,也是生活所迫。正所谓"地瘠民力本,茅檐历历见"。太行山区土地资源有限,茅草房民居多在散居型聚落中出现。

7.土木房

土木房是指承重结构为梁、柱、板组成的木结构体系,围护结构使用生土材料制成的土坯或夯土墙等房屋。这种形式的房屋在山西分布较广,晋北、晋南、晋东南等地区都有遗存。这种房屋成本较低,利用生土热惰性好的特点,获得冬暖夏凉的效果,所以为当地乡民喜欢(图3-30)。

图3-30　沁源闫寨村土木房

第三节
晋系传统民居的形态特征

建筑既然是一种文化形态,就不能不受到人的情感与心智方面的影响,人的情感和心智又是受特定的自然环境和社会生活影响的。特定地区的环境景观和生活方式往往是艺术的源泉,是创作的源泉,是美的源泉。这不仅使得特定环境下的建筑呈现出与当地人们的审美标准一致的视觉形态,也呈现出更加鲜明的地域性特征。

| 一、晋西传统民居的形态特征 |

1. 粗犷豪放的外观形象

晋西民居的文化内涵体现在"风土"这两个字上。风土是有地域性的,就晋西的"风土意象"而言,一是体现在黄河的豪放;二是体现在黄土的粗犷,其环境景观呈现出一种界限分明又强烈的美,它与青山秀水、烟雨蒙蒙的南方景色形成鲜明的对照。晋西民居便是与其"风土意象"协调一致的有机建筑,因为它们的确是在一种特定的环境中创造出来的。首先,晋西民居必须用黄土地的一部分作为建筑材料,不论是从质感上还是从色彩上,都与环境十分协调。其次,它采取内向封闭的空间形态,使建筑呈现出粗犷、浑厚、古朴的特点,与自然环境景观有机地融为一体(图3-31)。即使是那些细致精微的宅门、女儿墙,也不失敦厚、古朴之感。让人不能设想,如果把粉墙黛瓦、清新秀丽的南方建筑安置在晋西的崇山峻岭中将会是什么样子。更不能设想,雄浑厚重的窑洞建筑会在山清水秀的南方生根发芽。

图3-31　民居粗犷豪放的外观形象

2.镂空的墙与皮影、剪纸

晋西民居纵然以古朴粗犷、乡土味浓著称,但其立面的造型还是粗中有细的,对重点部位也很重视处理和装修。一般而言,常在洞口的上部或女儿墙将砖墙面镂空处理,大大小小、凸凸凹凹的雕镂图案产生丰富的光影变化,造成独具特色的剪边效果。这种极富表现力的装饰风格,是与晋西特有的地域文化传统分不开的。在晋西,皮影和剪纸是人们喜闻乐见的民间艺术,它们的表现方法一律采用平视构图。图案花纹有阴刻、阳刻之分,刀法讲究,刻工细腻,形成完美的二维空间艺术。就皮影、剪纸的造型特点而言,其表现方法与建筑物上镂空的墙面颇为相似,具有异曲同工之妙。只不过,建筑是以砖墙为材料,而皮影和剪纸是以牛皮或彩纸为材料而已。这种在二维空间上的艺术创造不仅体现了当地人们的审美观念,也富有浓郁的乡土气息和地方特色,成为晋西风土建筑不可缺少的组成部分(图3-32)。

图3-32 具有剪影效果的砖墙

3.洞口曲线与花格门窗

窑洞建筑外观浑厚,柔和的拱形曲线和细密的花格门窗、刚劲挺拔的墙面形成鲜明的对照,给人以刚柔相济、互映成趣的视觉感受,这种视觉效果成为晋西民居建筑最为重要的造型语言。同时,门窗棂格变化自由、不拘一格,充分利用了棂条之间相互榫接拼连的可能性和木材便于雕刻和连接的长处。虽然构件种类

图3-33 洞口曲线

不多,但可构成肃穆淡雅、绚丽活泼等不同的建筑风格。这些门窗花格非常细密,能够有效遮挡任何高度和方位的光线,适应当地气候多

变的自然条件,同时它们具有很强的装饰效果。当日光照到一定角度时,受光面所表现的亮度层次较多,背光面的阴影广度、厚度不一,特别是从室内看去,具有当地乡土特色的精美窗饰给空间增加了无穷的趣味,使室内空间既温暖又没有压抑感,可以说它是自然、文化与建筑的完美结合(图3-33、图3-34)。

4.图案与色彩

说到晋西民居的图案和色彩装饰,人们马上就会想起穿着大红棉袄和鲜绿裤子的女性。这是一种着装习

图3-34 花格门窗

俗,也反映出当地人们的审美心态。事实上,这是与特定地区的自然环境分不开的。晋西不同于南方,除了几处罕见的绿洲外,几乎全是一片黄土高原。处于这样的自然环境中,无论是居住建筑还是公共建筑,乃至烘托它们环境背景的大地山川,几乎全部笼罩在褐黄色的基调之中。在这种情况下,人们对鲜艳色彩的渴望,对动植物的偏爱是合乎情理的,这无不反映着人们返璞归真、崇尚自然的情感与心态。晋西民居由于受到当地固有建筑材料的限制,在外观上,几乎与大自然完全融为一体,连门窗也以黄色为主。从室内的装饰来看,不仅有色彩艳丽的炕围画,而且有鲜红的剪纸贴饰,给人以置身于童话世界的质朴、浪漫、纯情之感。如果从砖、木雕饰的图案来看,是以动物、植物和人物故事为主,主题突出、造型夸张、色彩艳丽、线条简练,具有鲜明的风土特色。

5.屋顶造型

虽然说晋西民居主要是以窑洞形态为主,但其中也有一些为数不多、造型独特的砖木结构建筑,这主要体现在它们的屋面形态上。这些建筑体态自由、布局随意,没有固定的"制式"限制,给人以大巧若拙的视觉感受。一般而言,它们的屋顶以硬山、悬山最为多见,注重屋脊的装饰,山墙变化丰富,曲线舒展柔和。特别是一些处于集市街巷中的"前店后宅",其屋顶的造型更是多姿(图3-35至图3-38)。例如,有的采用"背靠背"的处理手法,前低后高,既照顾了前后两个方向的景

图3-35　临县碛口镇西湾村民居屋顶形式之一

图3-36　临县碛口镇西湾村民居屋顶形式之二

图3-37　临县碛口镇民居屋顶形式

图3-38　汾西县师家沟民居屋顶形式

观要求,又形成了高低有致、整体协调、颇具个性的建筑艺术形象;有的层叠向上,起伏变化;有的则是把山墙作为正面,形成线面结合、要素多样的视觉形态。无论是哪种式样,都达到了比较高的艺术水准。

二、晋南传统民居的形态特征

晋南民居多为一进至两进或由多个四合院组成的群体院落。屋顶多为硬山坡顶,起隔热及排水作用。其山墙较多采用五花山墙式样,既美观,又有防火功能,这是晋南民居的独特之处。晋南一些山区台地的窑洞,正窑前部多带前廊,作遮阳与防雨之用,同时廊下做通道(图3-39)。木构架民居一般为两层,上部当仓库,可以通风隔热,下部住人。当地的民居多采用中国传统的木构架建筑,结构规矩严谨,平面布局均衡,柔性好,整体刚度强,抗震性能高。屋架多采用抬梁式结构,檩长较短(图3-40)。

早期的晋南民居院落由于承载人口少,所以有单进四合院的布局形式,其大门是合院的门面,装饰比较朴实,又是合院空间变化的前奏。进入门内,有较小的天井,作为通向内院的过渡空间,光线幽暗,

图3-39　带有前廊的窑洞院落

图3-40　浮山县东陈村李家大院

在其大门对面的墙壁上多以装饰影壁缓解人们的压迫感;通过窄小幽暗的过渡空间,进入明朗开阔的庭院空间,使人有豁然开朗的感觉。庄重高大的厅堂,与左右对称的厢房、倒座,形成风格和造型上的对比。厅堂为装饰的重点,檐下有彩绘或精美木雕,显得庄重典雅,厢房与倒座装饰朴素。厢房之间的间距较小,人站于其中有压抑感,但是两者立面装饰加强,门窗形式变化丰富,淡化了不适感(图3-41、图3-42)。

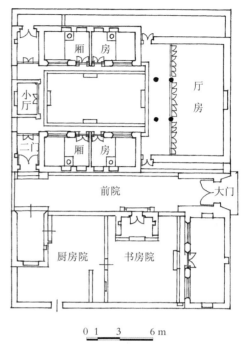

图3-41 襄汾县丁村九号院平面示意

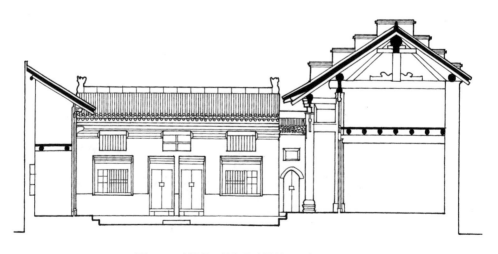

图3-42 襄汾县丁村九号院纵剖面示意

三、晋北传统民居的形态特征

图3-43　静乐县民居门窗

图3-44　浑源县城姚家巷民居夹道照壁

晋北民居建筑的屋顶以悬山顶居多,有别于山西其他地区。晋北民居最明显的特点是筒瓦屋顶做成前坡长、后坡短的鹌鹑檐,铃铛排山脊,房屋出檐较大,正房五脊六兽,墙体较厚。门窗刻工精细,上有纸窗,下装玻璃。凡住人的房、窑,过去都是上下扇糊麻纸的豆腐块窗户,上扇可开,下扇固定(图3-43)。

也有一些地方的民居常用砖木结构,多为硬山顶,一溜水压筒瓦或板瓦两出水,排椽插飞,五脊六兽。门窗用松木制作,造型华美,采光好。街门都很讲究。普通街门大部分是建在墙面上的独立门体,门楼造型各异。通常门楣上方留匾额。迎门设照壁,多为砖雕。如浑源县豪宅一般贯以八字正门,双瓦盖顶,多为五正三配的三连四合院(俗称"三连院")(图3-44)。正房过厅各五间,双出水,正脊为堆花脊。凡兽头张嘴,插双铁角,门开八字,前竖斗杆,安鼓石,栽拴马桩者,称为"府第"。

朔州砖瓦房的形式有卷棚、硬山、穿廊、抱厦等,正房形式有前后两出水、后高前低一出水。窗棂式样多为豆腐块、胡椒眼、亚字形等。一般两边置小窗,中间横列两扇大窗。上糊纸、下装玻璃,夏日窗扇可开启。不论平房、瓦房,墙基都是石砌,高0.5~0.6米。墙壁有的一砖到顶,有的用土坯砌成。窗台、檐台一般用砖砌或用砖裱,前檐椽出檐0.9~1米。檐下明檩明柱,檩细用二檩一替,粗则用一檩一替,替下安窗。旧式窗上下扇窗棂都是"豆腐块"式,均糊纸。小窗是通身旋转开启,窗棂多为"胡椒眼"式,均匀分布,或横竖档交替组成斗方图案。堂屋旧时一般安三对木隔扇。

忻州等地的民居特色是高脊一出水瓦房,坡度较大,造型独特。两山瓦房以人字梁起架,前面多以砖砌柱,留窗格门洞,多为硬山式结构,一溜顺水压板瓦(图3-45)。也有的地方为防止雨水冲刷,采用悬山式结构。屋脊为扣一层砖再交错扣瓦的皮条脊形式。比较讲究的瓦房为双出水悬山式屋顶、排椽插飞、五脊六兽,全部是木结构门窗,造型华美、采光好。如宁武民居造型特点是山墙及顶,中脊高高隆起;前后墙与山墙夹角在30°~45°,每一串院的正、偏房为3~5间,呈一明两暗、一明一暗或里外间,每间房宽2~3米,入深3~5米。

图3-45　宁武县赵家大院楼房

| 四、晋东南传统民居的形态特征 |

晋东南为暖温带半湿润气候区,雨量充沛,温度高。当地民居屋顶为坡顶板瓦屋面,利于排水。有的在一层、二层设有通廊柱,二层设木挑廊,以防雨水。楼阁式建筑很好地适应了当地雨多、潮湿的气候特征。

晋东南民居的一个特色是地基方正,每边3间,形成正方形院落,另外在每边房屋的两侧各建两间耳房,正房、倒座房两侧也各建两间耳房,形成全院四角形4个抱角天井,这种布局当地称为"四大八小"或"四大四小四厦口"(厦口指抱角天井)。另一特色是以楼房居多,有的楼房达3层,厢房倒座为两层,屋顶多为瓦屋面、悬山顶或硬山顶。主房屋的屋顶高出其他房屋。屋檐比楼道宽1~1.3米,设有栏杆,高约1米。楼道设置既样式别致,又方便行动。凭栏俯视院落,别有一派风光。在"四大八小"式的四合院中,楼梯的设置或一楼一梯,或两楼一梯。楼梯栏杆雕刻精美,图案极为华丽(图3-46、图3-47)。

图3-46 木结构楼道

图3-47 木结构楼梯

阳城县皇城村、郭峪村等村还依山筑城,亦有砖木结构5层以上建筑(图3-48、图3-49)。郭峪、良户等村还可见高大门楼做标志,方便瞭望(图3-50、图3-51)。其房屋的装修与装饰都集中在面向院内的一面,中轴线上的房屋前面大多有檐廊。柱础、柱上的额枋、柱间的栏杆大多附有雕饰。左右厢房底层不带檐廊,但在二楼都有挑出的外廊。四周房屋的门、窗均有各式花格纹。所有这些檐廊、栏杆、门窗极大地美化了住宅内部的环境,使四合院显得既规整又富丽堂皇。正房前檐饰有精美的木装修,楼梯布置在角部的小天井或带屋顶的小屋中。

图3-48　阳城县皇城村

图3-49　阳城县郭峪村全景

图3-50　阳城县郭峪村豫楼

图3-51　高平市良户村侍郎寨寨门

五、晋中传统民居的形态特征

图3-52　祁县渠家大院牌楼

晋中民居一般都有明显的轴线,院落中的房屋左右对称,院落两侧的厢房左高右低、主次分明。院落布局以正房正门为中心线端点,多数宅院中建有砖木牌楼或过厅(图3-52),将左右厢房分隔成里院、中院、外院,号称"里五、外三、隔牌楼"或"三进、三出、隔过厅"。晋中民居正房多为两三层阁楼,屋顶一般采用双坡硬山顶,前檐柱多用通柱;后檐用砖墙代替木柱,而且叠梁墙封顶,与山墙和整个院墙形成统一封闭的形式。有的屋顶采用单坡向院内硬山顶的形式,但为了加大进深,屋面构造采用双曲形式,这种做法较为独特。讲究一点的民居正房二层带前廊,一层明间处出卷棚或硬脊抱厦。上下楼用室内木梯联系。正房在院落中最为宏伟,等级也最高。传统风俗讲究的"连升三级(脊)",即由外院向内院各屋脊逐渐升高,借以表示家族昌荣、后继有人。这种风俗是当地人向往仕途、望子登科心态的集中显示。在正房屋顶有时加建吉星楼或者影壁,以求得到神灵保佑,反映了晋中民居的民俗特色。同时,内院坡顶的厢房与锢窑正房的高度相差无几,使正房威势不足。风水楼与风水影壁增加了正房的高度,弥补了内院空间在视觉上的缺憾(图3-53、图3-54)。

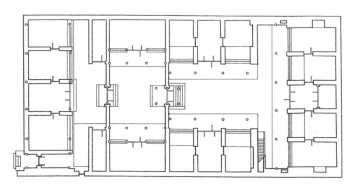

图3-53　平遥县仁义街民居平面示意

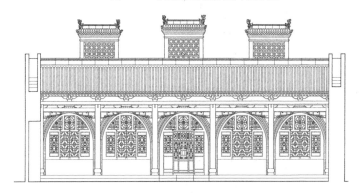

图3-54　平遥县仁义街民居正房屋顶的三个风水影壁

　　过厅常采用卷棚梁架结构,进深较大的有用多个卷棚顶相连的形式。围护结构多采用木板、隔扇。明间为通道,两侧为住房。厢房梁架采用半屋架形式,屋顶形成一面坡式,所以后墙高大。大梁前部搭在柱上,后部插在后砖墙上。后墙正上部为正脊,正脊后部出小披檐,由后墙上部叠梁承托。

　　倒座结构构造似正房,不同之处是倒座后部中央出抱厦尺度稍大;明间作为入口前后贯通。屋顶前后都不封檐,形成相对开放的风格。此外,较大规模的住宅还常施斗拱,雕饰槫头,使用筒瓦、望兽、彩饰建筑构件,装饰华丽,与宅外简素风格形成对比。

晋中民居内外装饰华丽。正房梁下挂落、雀替都有花饰,有的刻成狮子滚绣球,有的是福禄寿三星,或琴棋书画等,做工精细,样式讲究。门窗都是木榥木棂,大多花纹繁复、各不相同。有的门扇上还雕有唐尧、虞舜禅位的故事。有的富商还用刻花玻璃,当时是较贵的奢侈品。屋檐下椽木梁枋都施有彩画。有些人家室内的墙裙上也有壁画,更有讲究的人家还用浅刻石雕做护壁(图3-55)。

图3-55　榆次常家庄园正房图

临街巷的宅门更为讲究,门顶形式多样,有悬山卷棚、悬山有脊两坡、两坡不等长和半坡及披檐等。檐下用梁枋穿插、斗拱出檐等,做法各不相同,有的用柱,有的做壁柱门墩等。大门上面多书有内容吉祥的门匾。有的富豪人家住宅门外还立有上马石、拴马柱,石雕精美细腻。这些形式多样的建筑风格,充分展示出晋中民居在浓重地方特色中所形成的无尽变化和多彩光芒(图3-56、图3-57)。

图3-56　太谷曹家大院入口

图3-57　榆次常家庄园沿街大门

城镇民居平面布局多为严谨的四合院式,有明显的轴线,左右对称、主次分明,沿中轴方向由几套院组成,一般为二进院或三进院。院落之间多用矮墙和装饰华丽的垂花门作为分隔。富豪人家在院落一侧或后面还建有花园,有的房顶四周砌有垛口,还有个别富户院中建有戏台,专供家属取乐。城镇四合院所形成的院落往往是窄窄的、长长的,不少院落的宽只有两三米,进深有十余米。这些深宅,外观冷酷又封闭,其内部却是精致而考究的。大多数民居都是沿中轴方向由几套小院落组成,院落多为砖墙瓦顶的四合院,一般为二进院,也有一进院的。一般为"日"字形二进院或"目"字形三进院形式,正房一般下面是窑洞,上面是木楼,厢房一般都为木结构单坡瓦顶。传统的院落是家族社会伦理观念的产物,是宗法社会服务的工具。此外,院落空间布置还要体现和乐精神,伦理中有严肃的一面,也有和乐的一面。家居所谓"天伦之乐"。四合院的"四世同堂"是传统大家庭追求的大团圆理想。四合院组群中若干院落使空间大小有别,形成了大集体小自由的居住方式,为和乐精神的调剂提供了便利的空间条件(图3-58)。

图3-58 灵石王家大院四合院

民居

第四章
晋系传统民居的营造筹备

第一节
晋系传统民居的匠作分工与
营造筹备

山西地区地理环境相对封闭,建筑技艺较少受外界影响。同时,由于技艺传承主要以师承制度为主,因此工匠们具有技术上的共同点。在建筑施工中,工匠的习惯手法导致当地住宅模式大同小异,不同的只是规模大小而已。

| 一、匠 作 分 工 |

根据晋系建筑施工内容,工匠的工种主要有木匠、泥瓦匠、石匠和铁匠。各类工匠各有分工,又相互合作,共同完成一座民居的建造,为晋系传统民居营造技艺的发展提供了技术基础。

木匠主要分为"大木匠"和"小木匠"。大木匠一般是总体施工的组织者。他们负责与东家一起根据建筑基址确定建筑的形式与尺寸等,同时负责房屋梁架建造。小木匠主要负责进行门板、挂落、窗格、栏杆、隔扇等小木装修,有时也加工室内装饰构件如匾额、挂屏、家具等。

泥瓦匠负责处理所有与泥土、砖瓦材料相关的营造工序,是窑洞营造中最重要的工种。他们的工作贯穿始终,常常涉及与其他工种配合作业,如砌筑窑脸时需要同木匠与石匠合作,留出相应的门窗洞口;铺设瓦屋顶时需要同砖匠配合,使用烧制好的瓦片,安装吻兽、脊等。木匠和泥瓦匠大多数是分不开的,高平当地有俗语"木匠改瓦匠,只需一后响",形象地描述了这种现象。

石匠负责石材的开采及建筑施工过程中地基、台基的加工安装等。

铁匠大多开设各自独立作坊。铁匠主要以生产铺首、门钉等建筑构件以及各种建筑工具为主。

| 二、营造筹备 |

传统民居的营造在动工开始之前,要经历策划与筹备的过程。这个过程的长短,主要取决于主家的家庭经济状况。在当时的社会条件下,盖房子绝对是家族的大事,且关乎着家族的荣誉。因此,策划、筹备这一阶段所花费的时间往往比后期施工过程还要长。

晋系传统民居营造的筹备通常包括选址布局、工匠组织、材料准备。

1.选址布局

主家盖房时须先请风水先生帮忙相地,即用罗盘来进行院落的选址和布局,其中有不少风水上的讲究。地势,讲究背山面水,这里的山水不一定指某一处具体的山水,而是指屋址周边环境的形势要符合风水的要求。朝向,正房尽量朝南,不得已的情况下可以朝东、西,但不能朝北。形状,院落呈方方正正的矩形为佳。院门,除官员宅邸可开正南门外,其余的普通民居大多开东南门。若南无街北有街,可在正房右手边(西北角)开院门。建筑高度,院落中各房屋从高到低依次为正房、东厢房、西厢房、倒座。房屋间数,正房皆取三、五、七开间,所谓"四六不坐正",厢房和倒座取奇数居多,也可以取偶数。屋门,房屋开门不能与院门对齐,轴线要错开一定距离;若对齐,就要做屏门、照壁等作为遮挡物。

2. 工匠组织

工匠常见的组织方式有3种:友情互助、按日计酬、包工不包料。

友情互助方式普遍存在于中华人民共和国成立后至20世纪70年代末。当某户人家要盖房子时,主人只需要去熟悉的匠人那里打声招呼,匠人便帮忙把房子盖起来了,不收取任何酬劳,主人家往往只需为匠人提供简单的饭菜。这种无偿帮工方式产生于特定的公社时期,也是一种淳朴乡情的反映。改革开放后,此方式随着市场关系的介入而渐渐消失。

按日计酬是最常见的模式。工匠由主人家逐个邀请,在改革开放之前,匠人由生产队统一进行调度和安排工程,以记工分的形式记录工作量,然后再向生产队换取相应报酬。

包工不包料,俗称"清包",即户主与工匠根据工程的规模谈好总的工价与工期。按日计酬时,工匠往往较为懈怠,以延长施工时间多得工钱;包工模式下,工匠的工作效率较高,以节省时间做其他事情。

3. 材料准备

俗语说:"一年修盖,三年备料。"户主自己或者户主和匠人一起定好了房屋尺寸后,在工匠的帮助下估算用料,每当有了富余的劳动力或资金时,就断断续续地备下材料。根据民居的类型不同,材料略有不同,主要包括以下几种:木材、砖、瓦、石材、石灰。

第二节
晋系传统民居的材料
选择与营造工具

| 一、晋系传统民居的建筑材料 |

建筑材料的选择与特定地区的自然环境所能提供的材料种类,以及所在地区工匠的技术背景有着血肉相依的联系。特别是在早期人类社会初始阶段,交通与技术尚不发达,人们只能就地取材,最大限度地挖掘自然资源的潜力,从而形成了特定地区独特的建筑结构体系。

生土建筑主要是指利用生土或未经烧制的土坯为原料,以及应用夯土技术建造的建筑物。在晋西,"挖掘黄土,穿土为窑"是十分普遍的现象。历史上,晋西很少有供建筑使用的木材,这是自然资源条件决定的,但这不是生土建筑产生和发展的充分理由。生土建筑之所以能在晋西长期存在和发展,可能是与其"夏凉冬暖"的特点分不开的。我们知道生土最大的优点是导热系数小、热惰性好,对保温隔热非常有利,但生土最大的缺点是怕水,晋西正好具有降水量少的特点,很显然这种气候条件对生土建筑的存在是非常有利的。此外,从黄土的分布情况来看,晋西广泛分布离石黄土,而离石黄土层位常常分布在半山腰或山脚下,这便导致大量靠崖型横穴居窑洞形式的产生(图4-1)。

在晋西的临县、石楼、离石一带,生土窑洞甚至能盖到三四层,这在其他地区是难以想象的(图4-2)。

以砖石材料构筑的锢窑是晋西地区广为分布的一种建筑形态。在形式上,它明显地借鉴了生土窑洞,可分为尖拱、抛物线拱和半圆拱3种类型。在结构上,它与生土窑洞颇为相似地形成拱券结构体系。这主要是由于地理条件制约了建筑材料的选择,进而制约了拱券结构形式的发展。

图4-1 生土建筑

晋系传统民居使用的建筑材料有木材、砖瓦、青石、石灰。

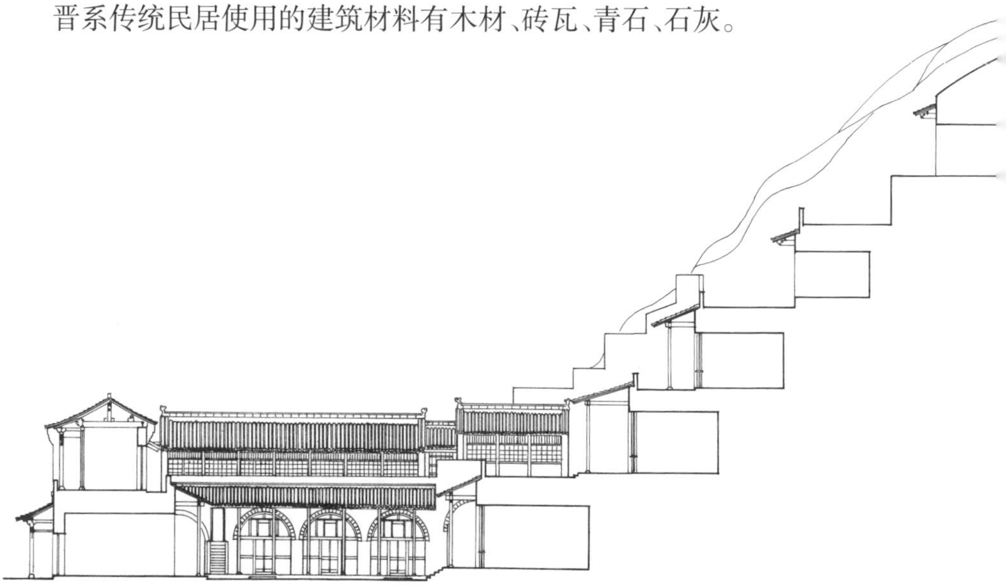

图4-2 临县碛口镇荣光店窑洞纵剖面示意

1.木材

木材是晋系传统民居建造中最主要的材料之一,用于加工梁柱、檩条、椽子、门窗及室内家具等构件。晋系传统民居使用的木材有松木、槐木、杨木、椿木,以秋冬采伐为佳,不宜使用水分较多、春季采伐的未成熟木材。通常会提前一年开始准备木料,以留出足够的时间来风干木料,既不能将其在太阳下暴晒,又要让木料中的水分自然蒸发,避免木料的力学性能受到影响。

由于不同材料的抗压、抗弯系数各异,因此选木料的时候主人家都会请经验丰富的木匠师傅帮忙。槐木、松木质地较硬,多用于梁柱等构件。经济条件较好的家庭会用松木,尤其是东北运来的落叶松硬度高、耐腐蚀、性能优良,木匠俗语"上房一千年,下房原价钱"便是专指落叶松。杨木直挺,质地不软不硬,大小木作均可使用。椿木使用也很普遍,但按照当地传统的说法,椿木木质较脆,通常不用于做梁。柳木易弯曲,易被虫蛀,通常不用来建房,常用来制造和丧事有关的器具。因有些地方习俗认为榆木上房会出愚人,所以建房不用榆木。

一般来说,准备好的木料不需要进行特殊处理,但墙里面的暗柱因其所处环境潮湿,故稍讲究的人家会做一些适当的防腐处理。方法有二:一是用较长的干草将柱子裹起来,然后在草绳外拴挂一圈青瓦,在柱子与墙体之间做一个简易的防潮层;二是直接在暗柱外刷一层沥青。

2.砖瓦

晋系传统民居建造中使用的砖分为两种:青砖和土坯砖。

青砖的制作工艺相对复杂,具体流程如下:首先,挖掘大量黏土,工人用刨把土刨松,然后运到空地上堆成一排土堆;在土堆上挖坑,向坑里倒水,水量由匠人根据经验决定,用一块塑料布将土堆蒙上,静置一晚,待水渗透到土里;然后,由工人用铁锹把土拌匀,然后用铁棍反复砸泥巴,增加土的韧性;最后刻模煅烧,将拌匀、摔打好的泥盛到模具里,然后用钢丝刮平,将泥块倒出来,晾晒一两天后放入砖窑中烧5~8个小时,然后从窑顶浇水静置一个星期左右,待窑与砖凉透,青砖就烧好了。

土坯砖的制作流程相对简单,先挖黄土。匠人们会往黄土里面加一些材料如麦秸秆、麦壳儿、稻草、动物或者人的毛发,以增加土坯砖的承载力,延长其使用年限。最后将黄土放到模具里夯实,放到阳光充足的地方晒干就可以用了(图4-3)。

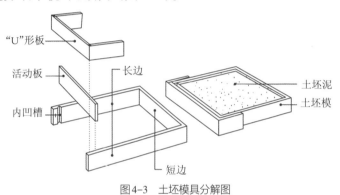

图4-3 土坯模具分解图

瓦的制作流程与砖差不多,只是模具不同。瓦的模具是圆筒状,板瓦是将其一分为四,筒瓦是将其一分为二,然后烧制。

3. 青石

晋系传统民居建造中所用的石材一般为青石和砂石,多就地取材。

青石因断面呈青色而得名,其硬度高、脆性大,应用范围非常广,主要用于砌筑窑洞的基础、窑腿、拱券、窑脸等部位以及用来制作石雕构件,如柱础、门墩石等。砂石具有良好的硬度和稳定的化学性质,由石匠将其开拆为较规则的条石,砌筑在建筑物的各个部位,如墙体中的压条石、台阶中的踏步与斜梁条石、房屋基座中的压边条石等。

石头通常为石匠开采,匠人先要破石:①用墨斗在石头上绷一条线,确定破石的位置;②按照所画墨线用钻子在石头上打一排孔,有的多达20个,间距在3~4寸(1寸约等于3.33厘米),在孔里插入铁楔;③用锤子依次敲打铁楔,将铁楔打入石头中形成裂缝,一般需要敲打3遍,且用的力不断增加,直到石头出现裂缝时,只保留一个铁楔,将铁条插进去,用力撬石头,裂缝会越来越宽,最终裂开。用这种传统的采石方式取出的石材比较规整,用炸药爆破开采出来的石材比较易碎(图4-4)。

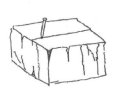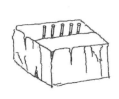

图4-4　破石过程示意

大型石块破开以后,再重复上面的过程,继续破得更小的石块。开采完成后,石块需要进一步加工成为条石、门墩石、压窗石等。石块如果还需要雕刻,则先在上面画好图案,然后用锤和钻照着刻出来。

4. 石灰

20世纪五六十年代以前,白灰都是用青石烧制的。因此,工匠还会买些青石和煤炭。后来工匠逐渐改为从矿场购买白灰。

烧制时,在宅基地前空地修一座石灰窑,上面大、地下小,如碗状,然后用两列竖着的砖搭起风道,用于通风。在砖的上头一层炭一层青石垒起来,每层炭的厚度约有四指厚,并在中间放些木棍,用于引燃炭。垒起来后,高出地面的部分用泥糊住,防止透气。石灰窑搭建好以后,在下面把火点燃,一般燃烧一个星期左右,青石才能够完全被烧透。青石烧透后会变小,顶部会变瘪,由此可判断青石是否烧制完成。

青石烧好以后,还需要用灰池、淋灰池将其变为白灰。地面上的小灰池是用砖竖着垒起来的,下面的大灰池是在地下挖坑而来的。淋石灰的具体过程:将烧好的青石块放在小灰池中,加水,用铁锹等搅拌,使其充分泛开。小灰池与大灰池相对的面有个开口,且两个开口之间用坡道连接,小灰池中的白灰水可以顺着坡道流入大灰池中。为了减少白灰中的灰渣,在小灰池的开口处放上笼篦,在大灰池的开口处放上箩筐,进行两次过滤。过滤完的白灰水,经过蒸发慢慢变干,成为白灰(图4-5)。

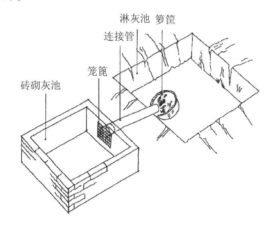

图4-5 淋灰池示意

二、晋系传统民居的营造工具

在晋系传统民居营造技艺中,每个工种与工序都需要特定的工具。因此晋系营造的传统工具种类繁多,以下主要是从工种的划分来叙述工具的种类与使用方法。

1.木匠工具

（1）锯

锯包括大锯、手锯和钢丝锯。大锯用来把圆木截开或破成板材，尺寸较大，需要两个人协同才能操作。手锯由一个人操作，按功能需要不同有多种规格。钢丝锯是由竹片和由细钢丝剁出齿刺的锯条组合而成，可以根据需要锯出优美的弧线或花纹，是雕刻常用工具。另外，钢丝锯锯条可以从竹片上轻松取下和装上，能够完成一些特殊的木料加工。（图4-6）

（2）斧子

斧子有单（面）刃斧和双（面）刃斧。单刃斧的刀刃居一侧，比较小巧，适合做细加工。双刃斧的刀刃居于两侧，又叫锛子，比较沉重，适合做粗加工，用于给树剥皮和对木材进行初步找平。

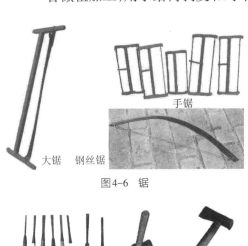

大锯　钢丝锯　手锯

图4-6　锯

凿　锤　斧

锛

图4-7　凿、锤等工具

（3）凿子

凿子是木匠使用比较频繁的工具之一，用于凿眼、挖空、剔槽、铲削等方面，一般与锤子配合使用。根据刀刃宽度的大小，可分为二分凿、三分凿、四分凿、五分凿和六分凿。锤、斧、锛、凿是木匠常用工具。（图4-7）

（4）牵钻

牵钻是匠人用来对木料进行钻孔的工具，其原理是应用皮绳的来回牵拉带动钻头钻洞，从而钻磨出孔洞。其用途是在木材太硬、钉子难以垂直钉入的情况下将木头

打出一个小孔洞,方便钉子进入。钻头有多个尺寸,可以根据需要对其进行更换。(图4-8)

(5)刨子

刨子是木匠用来刨平、刨光、刨直、削薄木材的工具,处理大尺寸的木料选择大刨子,细节处理选择小刨子(图4-9)。鸟刨一般用于处理弧形表面的木料,如对铁锹的圆木把手进行打磨刨光。

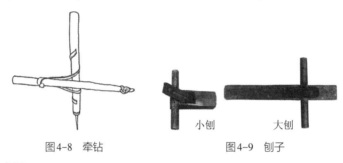

图4-8 牵钻　　　　　　　　　　　　小刨　　　大刨
　　　　　　　　　　　　　　　　图4-9 刨子

(6)尺

尺有营造尺、方尺、丁字尺等。

营造尺是清代流传下来的古尺,长度要比现今的市尺小0.5寸,为0.95尺(1尺约等于33.33厘米)。方尺、丁字尺是用来找垂直线或垂直面的工具,放线、画线、找平面等工序中会用到。(图4-10)

(7)墨斗

墨斗主要由存储墨汁的墨盒和一根细线组成。当需要画线时,将线从墨盒中拉出紧绷在木材表面,轻轻一弹,就能弹出一条墨线,然后根据这条线对木材进行加工。(图4-10)

方尺　　　　　　　丁字尺　　　　　　　墨斗
图4-10 尺和墨斗

（8）木制画线器

木制画线器是一种自制的画线工具，用木料做成一圆弧状器形，上面沿弧形轮廓钻3个孔洞，每个孔内插入长铁钉，可以根据需要调整铁钉的深度，进而画出需要的尺寸。

2. 泥瓦匠工具

（1）夯土工具

夯土工具包括石磙、夯锤和木桩。石磙用来夯实窑洞顶部覆土和院内地坪，使用时套上木架和绳子，人拉着它滚动夯实地面；夯锤和木桩用来夯实基础、室内地面，匠人可以通过将其反复提落来夯实地面。

（2）拌灰及运输工具

拌灰及运输工具包括手推车、铁锹、灰兜、灰铲，它们是小工用来搅拌灰泥并将其运送给大工的工具。

砌筑工具包括瓦刀、锤子和拱券模架。瓦刀有刀形和心形两种。锤子有圆锤和方锤两种，用来敲打砌体使其与灰浆结合紧密，同时对砌体进行找平。

抹灰工具包括铁抹子、塑料抹子、铁铲和接灰板。铁抹子用来粉刷墙面以及对墙面进行精细找平。塑料抹子用来对墙面进行粗略找平。铁铲用来铲灰以及局部地方抹灰。接灰板用来临时盛放灰浆，供匠人使用。（图4-11）

| 瓦刀 | 灰铲 | 铁抹子 | 灰兜 |

图4-11 泥瓦匠工具

3.石匠工具

石匠的工具相对较少,分锤子和錾子两类。锤子用来击打凿子进行采石或处理石材,錾子则用来撬开石材和雕刻花纹。(图4-12)

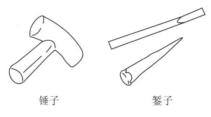

锤子　　　　　錾子

图4-12　石匠工具

第五章 晋系传统民居的营造技艺

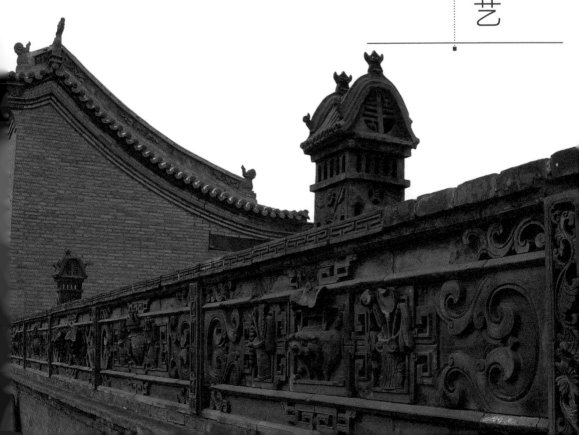

第一节
结构类型与营造流程

| 一、窑洞及营造流程 |

1.窑洞的类型

基于黄土高原的地理环境特征,晋系传统民居中窑洞建筑的数量是最多的,有以下几种类型。

①靠崖窑。是在自然形成的土崖上挖掘而成的,大部分形成于明代或清初,由于年代久远,遗存较少。

②接口窑。是在靠崖窑的前面再接一段锢窑,防止窑面因为长久日晒雨淋而毁坏,延长窑洞的使用寿命,此类窑洞现存数量比较少。

③锢窑。即独立式砖砌或石砌窑洞,上覆黄土,此类窑洞遗存最多,且中华人民共和国成立后仍大量建造。锢窑不仅具备土窑洞冬暖夏凉的优点,还克服了其缺陷,在通风、采光等方面占据优势(图5-1)。

④地坑窑。是在一些沟崖建造的靠崖式窑洞。由于其黄土层垂直结构良好,再加上日照条件充足、地下水位较低等有利因素,向下挖掘的地坑窑成为一种独特的居住形式(图5-2)。

图5-1 汾西师家沟村锢窑

图5-2 地坑窑

2.窑房同构

晋系窑房同构建筑表现为6种稳定的同构形式,即"窑上建窑""窑上建房""窑前建房""窑顶檐厦""无梁结构""窑脸仿木",说明窑房同构技术已走向成熟。明代初叶,军镇、城池等军事设施的建设迅速发展,军工技术与民工技术相结合,进一步推动了砖石拱券、拱壳、叠涩结构技术的发展。砖瓦等建筑材料依据一定的规格定制,其抗压强度进一步提高。砖石砌体的黏结材料以灰浆替代泥浆,提高了墙体的整体性能,砖木混合结构建筑应运而生,拓展了锢窑民居与无梁殿堂的使用功能。

窑洞与木结构相结合,因地制宜。

"窑上建窑"技术多使用于山区,偶尔也在平地使用,以地方望族、富商修建的民居宅院居多。其类型包括土体层窑、石券层窑和砖券层窑3种形式。

"窑上建房"的同构方式,可保持窑洞与木构房屋各自结构体系的独立性,空间紧凑,易于施工。其产生的建筑形态常见于殿堂、戏台、楼阁、民居,应用非常普遍。

"窑前建房"与"窑顶檐厦"是窑房同构的两种技术形态,二者皆有遮风避雨、保护窑脸、美化窑洞的作用。"窑前建房"常采用抬梁式结构,既可形成"抱厦"格局,也可形成连续柱廊,拓展了窑洞的内部空间,较多保留了木结构建筑的形制和形象。"窑顶檐厦"的构筑包括两种方式。一是窑前不用柱子支撑,仅在窑顶出挑檐厦,如石梁挑檐、木梁挑檐、青砖叠涩等;二是窑顶仿木结构,即在窑洞顶部构筑坡瓦屋面,亦如木结构建筑那样,采用各种形式的坡顶,如硬山顶、卷棚顶等,其应用范围较为广泛(图5-3至图5-5)。

"无梁结构"与"窑脸仿木"技术多结合在一起使用,前者产生了窑洞的内部空间,后者丰富了窑脸的外观形象,达到形式与内容的契合、技术与艺术的统一。

图5-3 临县西湾村东财主院立面示意   图5-4 临县西湾村东财主院西院纵剖面示意

图5-5 临县西湾村东财主院东院纵剖面示意

3.锢窑的营造流程

晋系锢窑的营造流程如下。

(1)处理基地

由于地形、地貌及地质条件的不同,有些基址坚硬,承载力强;有些基址松软,承载力差。所以在修建房屋前,匠人都会对基址做不同程度的改造。

对于土质不好的基地,工匠多用木杵分层反复夯实,必要时还会换土。如基地坑洼不平,有缓坡,则需要找平。

(2)定向与放线

定向用到的工具是罗盘。定好朝向后,匠人会贴着基地一边埋下两根短木桩,然后拉起一条直线,匠人沿着直线边走边用棍子敲盛满白灰的铁锹,震落的白灰形成一条白灰线,定向工作就完成了。

定好方向后,可结合基地的尺寸确定预建锢窑的规模。每眼锢窑开间多为3~3.6米,进深多为6~7.2米,窑眼的数量则根据主人家的需求来定。有的家庭人口数量较多,为了保证窑眼的数量,甚至不惜把每眼窑洞的开间做小。

放线是有一定顺序的,一般是先放后墙线,这根线与定向线保持垂直。然后根据锢窑的进深和开间依次放出山墙线、隔墙线和前墙线。此过程中放出的隔墙线为墙体的中心线,后墙和山墙线则为墙体的内边线。最后用前面所述同样的方法画下白灰,放线过程结束。

(3)挖壕沟

动土前会举行隆重的仪式,仪式结束后便可以动土挖壕沟了。壕沟的宽度、深度与基地土质的好坏、地下水位的高低、砌墙的厚度、锢窑屋顶覆土的厚度相关。墙越厚、屋顶覆土越厚,壕沟越宽,反之越窄;土质越松软、地下水位越高,壕沟越深,反之越浅。

（4）砌筑基础

基础由两部分组成，即夯实的灰土和砌筑的砖台。

最常用的灰土是二八灰土和三七灰土。填垫灰土的厚度在40~60厘米，主要取决于壕沟的深度和土质，壕沟深且土质不好的时候灰土就要厚一些。铺灰土需要用到铁锹、木杵、尺等几种工具。铺一层夯实一层，最多铺3层，最少铺1层。铺完灰土就可以砌筑砖台了，砖台的尺寸不固定，墙越厚砖台越宽，反之越窄，形状都做成阶梯状。砖台砌筑完成后回填壕沟，填充的材料可以是灰土，也可以是黄土和碎砖块，回填时每15~20厘米的厚度就要夯实一下。

（5）砌墙

锢窑的墙体按照位置可分为山墙、后墙、隔墙、前墙，按照砌筑材料可分为夯土墙、土坯墙、砖墙、砖（石）包夯土墙、砖（石）包土坯墙。砌墙的先后顺序为先砌后墙，然后砌山墙、隔墙，最后砌前墙。夯土后墙砌筑的工艺最复杂，为了保持结构的稳定性，外侧需单面放坡。为了保护墙体免受雨水冲刷，会在后墙的内外两侧包上一皮砖。山墙的砌筑材料及方法与后墙相同，只是不做收分。隔墙全部用砖砌筑。

（6）起券

起券是锢窑营造过程中的难点，按照建造顺序可分为以下步骤：支模、砌砖、拆模具、合龙口、填充八字壕沟与屋顶覆土。

（7）砌筑窑脸、安装门窗

锢窑主体结构完成以后，就可以安装门窗了。

门窗的安装多伴随着窑脸的砌筑，安装的顺序为由下至上，先横向构件，再竖向支撑，最后安装门窗。

门窗安装完成后，木匠会在其外表皮刷一层油漆，起到防雨防腐蚀、装饰美化的作用。中华人民共和国成立初期，人们在窗户上糊一层麻纸，普通人家会安装一块很小的玻璃，保证采光。相比玻璃而言，窗户纸保温效果更佳，但寿命较短，一般一年一换。

4.地坑窑的营造流程

地坑窑由穴居的居住形式演变而来,技艺系统、复杂,具体包括以下步骤。

(1)选址、定坐向、下线桩

首先,依据阴阳八卦与风水学理论,用罗盘确定窑院的位置与朝向。位置确定后,对地面上多余的砖瓦、柴草、石头等进行清理,并将其晾晒一段时间,防止挖掘时土壤太潮造成土体坍塌。

然后,工匠依据宅基地位置、朝向、大小,以及窑主人家庭人口数量,确定窑院边界。边界确定后,在其四个角点钉入木桩,用白绳贴着地面依次连接四个木桩,沿着白绳边走边用木棒敲打盛着石灰粉的铁锹,撒下石灰作为标记。

(2)挖坑院、渗井

挖坑院之前,需由风水先生确定吉日并举行祈祷仪式和动工仪式。挖坑院是整个营造过程中工程量最大的一个环节,挖的过程可以分为以下两个阶段。

一是浅挖。地下2.5米以内为浅土层,土壤比较疏松。挖出的土可直接扬到地面上。为了方便人员上下及运送挖出来的土壤,一般会在坑中留一条坡道,这在当地被称为"马腿"。

二是深挖。地下2.5米以下的部分为深土层,土质密实坚硬,挖起来较费力。由于与地面高差过大,挖出来的土很难再直接扬到地面上,所以挖出来的泥土需要借助扁担等工具出入坑院。

坑院挖完后,需要晾晒才能继续施工。为防止晾晒和施工期间雨水在窑院内积存,需提前在院内挖渗井及水道组织排水。只要有渗井在,就无须担心窑院内有积水。

(3)挖入口坡道、水井

为了方便人们进出窑院和进一步施工,一般会在开始挖窑洞之前,先将入口挖好。为了方便获取施工用水和日后家庭饮用水,通常会在挖好入口坡道后,在窑院内挖一口水井。水井挖掘深度较深,一般从窑院地面到井底为15~18丈(1丈约等于3.33米),其中水深5~6丈(图5-6、图5-7)。

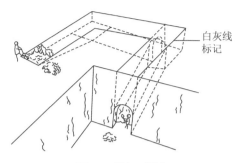

白灰线
标记

图5-6 挖入口坡道

(4)打窑、剔窑和泥窑

入口门洞挖好后就可以打窑了,即从窑面向内挖。打窑之前确定每个窑面挖几孔窑,再根据窑洞和窑腿的尺寸来确定每孔窑洞的具体位置。打窑时,要预留出一定的尺寸,一般每边预留1尺左右,以便于后期券形的调整。不能同时在一个窑面上挖多孔窑洞。这是由于土壤湿度大、稳定性不足,如果同时在一个窑面上挖多孔窑,窑腿不能同时承载两边窑洞的压力,最终会导致窑洞坍塌。

窑洞挖完之后,内壁难免会有凹凸不平,这个时候就需要剔窑和泥窑。剔窑通常请有经验的匠人,由内

图5-7 挖水井

壁窑顶开始,用耙子从上到下对窑洞的券形进行调整,剔出完美的窑形并将其内表面修理整齐、平实。

窑剔好后一般要晾1~2年,待完全干燥才能开始泥窑。泥窑时泥土里面掺杂麦秸等物,主要起拉结作用,防止干燥后产生裂缝。泥窑的工序:第一层为麦秸泥找平层,填补内壁的坑坑洼洼,厚约1指(1~2

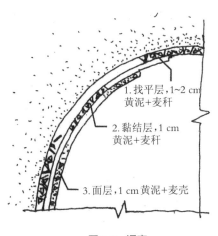

1. 找平层，1~2 cm
黄泥+麦秆

2. 黏结层，1 cm
黄泥+麦秆

3. 面层，1 cm 黄泥+麦壳

图5-8　泥窑

厘米）；第二层为麦秆泥黏结层，较第一层要薄且更加平整，厚约半指（1厘米）；第三层为麦壳泥面层，平整光滑。需要注意的是，一层泥晾干后才可抹下一层泥。由于第一层泥较厚，晾晒的时间较长，一般2~3个月；第二、三层较薄，晾半个月左右就可以了（图5-8）。

（5）砌筑窑脸和窑隔、安装门窗框

打完窑晾干后，便可进一步修整立面，分隔室内外空间。与普通人家多是将窑腿、窑脸用草泥抹平不同的是，富足人家多用砖来贴面，当地俗称"窑眼帘"。"窑眼帘"砌筑完成后，便可砌筑窑隔与安装门窗框。窑隔一般用砖或糊坯砌筑，较窑脸向室内收进30~50厘米，以防飘雨溅湿门窗。不同材质的窑隔砌筑流程大致相同，只是用糊坯垒砌的窑隔表面还需用泥找平，以达到保温和美观的目的。但无论是哪种材质的窑隔，砌筑时均要同步安装门窗框。

（6）挖炕箱、砌炕、安装门窗

窗框安装完以后，可以开始砌炕了。也有的人家选择先砌炕再立窑隔等，这主要是考虑砌炕的时候会产生很多灰尘，留有洞口便于通风。砌炕之前，先要挖炕箱与烟道。烟道一般位于火炕靠门窗一侧，距窑面1尺左右，孔径10~15厘米，上下垂直，下端连接火炕，上端连接地面，地面以上再用黄土或砖砌筑烟囱保护烟道，也可将其抹平，雨天用碗盆盖住防水。

火炕垒完后，整个地坑窑营造过程中的动土活动基本完成，接下来就可以安装门窗了。

（7）砌筑滴水、拦马墙

考虑到安全因素，要用砖或糊坯砌筑滴水和拦马墙。

一般而言,先砌滴水,再砌拦马墙。滴水出挑窑面至少1尺,这样才能起到疏导雨水、防止飘雨溅湿窑面的作用。出挑的砖一般都是5层,最少是3层,做单数的比较多。

(8)碾压窑顶

由于黄土较为松散,且渗水性强,久而久之窑洞结构的稳定性会受到影响,所以窑顶的日常维护和排水防水工作十分重要。一般维护工作主要是通过碾压实现的,每年会压很多次。一般来说,正月、二月开春以后,下一次雨就要碾压一回。秋收收了麦子以后要在窑顶打场。将扬出麦子后剩的麦皮、麦秆平铺在窑顶上,用石碌碾压,这样既可以晒麦子,又能压窑顶,一举两得。窑顶禁忌种植物,尤其是大树,因为树根会扎到黄土深处,严重降低黄土的承重能力,继而引起塌窑等危险后果。

总之,在地坑窑的整个营造过程中,不论是哪个环节都不能操之过急。任何流程都需要根据土壤的干湿情况来判断是否可以继续施工。一方面,如果黄土过于潮湿,必须经过长时间的晾晒才能继续下一个流程,否则窑会由于黄土强度过低而坍塌。另一方面,土壤过干会增加开挖的难度。因此,在整个挖窑院的过程中,挖掘和晾晒是需要经常重复的两个重要步骤。

| 二、木结构民居及其营造流程 |

以晋北天镇县木构架民居为代表,当地民居木架的形制较为灵活,进深方向的一榀木架可以做成抬梁结构或穿斗结构(图5-9)。多榀木架按实际需要灵活组合,得出抬梁、穿斗和混合3种结构形式:若居住者希望房间之间以墙相隔,并且节省材料,那么各榀木架可以全部做成较为经济的穿斗式;若居住者资金充裕,希望房屋更加牢固、耐

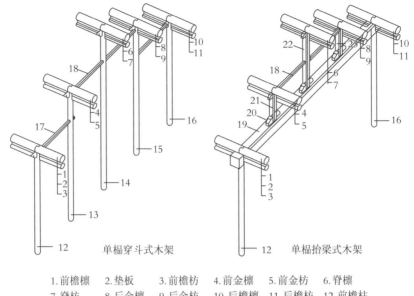

单槽穿斗式木架　　　　　　　　　　　　单槽抬梁式木架

1.前檐檩	2.垫板	3.前檐枋	4.前金檩	5.前金枋	6.脊檩
7.脊枋	8.后金檩	9.后金枋	10.后檐檩	11.后檐枋	12.前檐柱
13.前金柱	14.中柱	15.后金柱	16.后檐柱	17.前穿枋	18.中穿枋
19.梁	20.角背	21.前瓜柱	22.中瓜柱	23.后瓜柱

图5-9　单槽木架的两种类型

用和美观,并且有灵活的平面布置,那么各槽木架可以全部做成抬梁式;若居住者只需要房屋的某几间连通,则将对应的几槽木架做成抬梁式即可,房屋结构为混合式。

木构架民居的营造流程如下。

1.定向放线

清除基地内的杂草、石块,用铁锹等工具将整个院落基地进行平整,使各处的高程一致。根据风水先生定的方向线,放出其垂线,再根据宅基地的尺寸确定基地的四个点,用木棍插在地上做标记,用白土撒出院落的边界。

首先根据墙体的设计宽度,计算基础和基础槽的宽度,一般基础比墙宽20厘米左右,槽比基础宽5~10厘米,在外墙三七(宽度370厘米)、内墙二四(宽度240厘米)的情况下,基础做40~50厘米宽。然后,按照先墙体轴线再基础槽线的顺序进行放线。

2.砌筑基础

找平之后按照白灰线挖槽,槽深度依地层承载力而定。槽挖好后,在基础底部用灰土或纯黄土夯实1~3层,夯制时须放线控制水平。房屋外墙的基础要做收分,内墙的基础无收分,基础与槽之间的空隙用碎石土填实。基础的上表面要用泥抹平,为砌墙做准备;在立柱的位置放顶面平坦的石块(柱顶石)并检查水平,然后在其上画"十"字墨线,为立架做准备。

3.木构件制作

在泥匠砌基础的过程中,木匠就开始木构件的制作。木匠对主人家买回的木料进行选料,进行柱、梁、檩、枋、椽及其他构件的加工制作。

4.大木立架

营建中立架的方法大致有3种:一是按进深方向进行穿架;二是按开间方向将檩和柱连接;三是不穿架,立起一列柱子后用穿枋连接,最后上檩。下图为五架檩混合式木构架轴测图(图5-10)。

5.墙体砌筑

墙体的用材较灵活,根据主要材料不同,墙体可被分为砖包墙、石墙、土墙3种类型。砖包墙俗称"里生外熟",用于建筑的外墙,此种做法在砖产量低、成本高的古代,既保证了墙体的美观耐用,又提高了墙体的防寒保暖性能。石墙坚固厚重,一般用于建筑外墙。土墙不够坚固耐潮,多用于内墙。

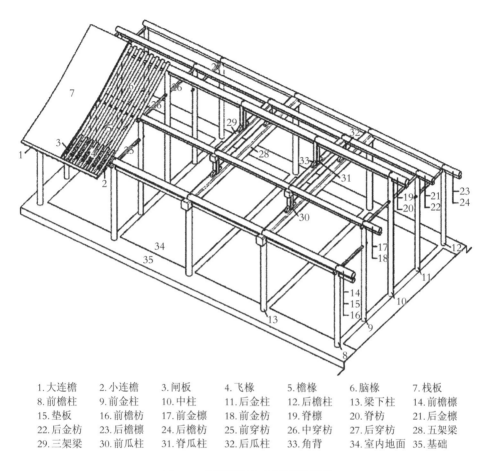

1.大连檐	2.小连檐	3.闸板	4.飞椽	5.檐椽	6.脑椽	7.栈板
8.前檐柱	9.前金柱	10.中柱	11.后金柱	12.后檐柱	13.梁下柱	14.前檐檩
15.垫板	16.前檐枋	17.前金檩	18.前金枋	19.脊檩	20.脊枋	21.后金檩
22.后金枋	23.后檐檩	24.后檐枋	25.前穿枋	26.中穿枋	27.后穿枋	28.五架梁
29.三架梁	30.前瓜柱	31.脊瓜柱	32.后瓜柱	33.角背	34.室内地面	35.基础

图5-10　五架檩混合式木构架轴测图

6.屋面施工

屋面构造包括椽子、栈子、覆泥、铺瓦4层,木匠负责挂椽,其余由泥匠施工。栈子层覆盖在椽子上,用来承托黄泥;覆泥层承托瓦当,还起到防寒的作用;铺瓦层的作用是防雨,瓦当使用筒瓦、板瓦、猫头、滴水4种。

7.室内装修

室内装修包括门窗、顶棚、盘炕、抹墙、墁地。

| 三、砖木混合结构民居及其营造流程 |

以高平市砖木混合结构民居为代表,当地民居建筑大部分为两层,一层层高较高,为一丈①七八;二层相对较低,不到1丈,最低的地方能过人即可。建筑结构多为"承重墙+抬梁式屋架"形式。

承重墙包括两种:一是填心墙,即里外两层跑马砖,中间用糊坥、半头砖等填心,窗户以下尽量不用土坯或糊坥,多用半头砖填心;二是"里生外熟",即外面一层跑马砖,里面一层土坯,窗户以下为砖砌筑而成的垫阶。同时,为了防止土坯受潮后梁架下移,"里生外熟"的墙体需在梁下垒砖,相当于"砖柱子"(图5-11)。墙体厚度均大于1.5尺,最厚的甚至可达3尺,因此保温隔热性较好,冬暖夏凉。

填心墙　　　　　　　　　　　　　　"里生外熟"

图5-11　承重墙墙体形式示意

抬梁式屋架以4椽最多,少数为6椽,带檐廊的则为5椽。

砖木混合结构的营造流程包括基础施工、墙身施工、屋面施工、室内装修。

---

① 1丈约等于3.33米。

1.基础施工

基础施工包括定位与放线、挑根基以及砌筑基础。

定位与放线之后,挖好基坑,将底部夯实压平,并撒上一层石灰,用于吸水防潮,然后用灰土进行回填。灰土之上,再用开采好的荒石砌筑基础。将荒石放入基坑后,用红土和白灰按1:1的比例混合,加水搅拌均匀进行灌浆。

2.墙身施工

基础砌筑好以后,利用找平工具找出墙体砌筑的水平面,就开始按照从下往上的顺序进行墙身的施工。墙身施工包括墙体砌筑,安装门窗框、一层屋架,安装二层窗框、封檐以及安装檩头等步骤。

3.屋面施工

屋面施工是指口平(檐口高度)以上整体的施工,因木构屋架和口平以上的山墙施工是交叉进行的。屋坡施工主要包括四大部分:二层屋架、封山、钉椽、屋面铺瓦。

4.室内装修

室内装修包括室内墁地及室内楼梯、门窗安装。

四、石板房及其营造流程

石板房是山西省平顺县(属于长治市)东部地区最富有地域特色的建筑类型。这种建筑的防水性和耐久性好。石板房是以墙体承重的抬梁式结构建筑,墙体多用土坯、石头,屋顶铺设石板。

石板房的营造流程包括地基处理、墙体砌筑、屋架加工与组装、封檐上瓦、室内装修。

1.地基处理

选址布局确定后,石匠一般会根据地基的形状确定建筑的大概尺寸。石板房的地基较浅,大多1米深。地势平缓地带用红土、白灰搅拌后夯实。其余地方大多垒砌石头,层层收进,下宽上窄。在深山区,有时会利用陡坡沿崖边砌筑50~100厘米厚的石墙,然后将崖面填平作为地基。

2.墙体砌筑

地基处理完成后,就可以在基址上放线砌筑墙体了。一般而言,不同墙体立面的材料加工方式及砌筑方法有较大差别,石砌墙体一般采用条石与荒石砌筑。条石的前、左、右、上、下5面需要锻造。由于石材的开采和加工难度较大,一层石板房窗台以上部分及一层半和两层石板房的上层墙体多采用土坯砌筑,并在墙体转角处做特殊处理,每隔一到三层铺砌加长卧石,以便向两个方向进行拉结。

3.屋架加工与组装

一层石板房窗台以上部分继续砌筑至上梁高度就可以在墙上搁梁了,梁头外侧要保证与墙体外表面平齐。一层半和两层石板房在首层大梁放稳后,由工匠继续砌筑墙体直至最终上梁高度。梁上为屋架。

4.封檐上瓦

石板房基本都用叠涩石板的方式封住檐口,当地称为"迎风"。封完檐后,在椽子上摆放栅板,其中栅板长度同椽子间距,厚度为1~2厘米,铺满椽架,有些地方还会在椽架间固定腰栅,以便上下栅板拼接牢固。铺完栅板后上覆5厘米左右厚的红泥,用抹刀抹平晾至半干,准备铺石板。

　　石板一般是从下往上铺,下大上小,上层石板压在下层石板约1/3处。为保证上一层薄厚不均的石板能够保持平整,下层石板与屋面之间需要用小块石板或红泥垫平。铺至屋脊处,平铺几层石板,以防止屋脊漏水。

5.室内装修

室内装修包括门窗安装、涂刷面层、地面处理。

第二节
地基与基础

　　地基与基础施工是盖好一座房子的根本。如果地基打不好,房子就容易倾斜或者坍塌。晋系传统民居中除了靠崖窑和地坑窑外,都需要对民居的地基与基础进行处理。不同结构类型的民居地基与基础施工大致相同,包括定位与放线、挑根基以及砌筑基础。

一、定位与放线

　　定位是指风水师根据五行八卦,通过罗盘确定整个院落的中线。中线a确定以后,房屋主人辅助匠人确定正房的位置。具体步骤如下

(图5-12)。

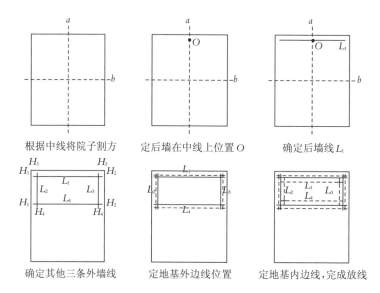

根据中线将院子割方　　定后墙在中线上位置O　　确定后墙线L_1

确定其他三条外墙线　　定地基外边线位置　　定地基内边线,完成放线

图5-12　定位与放线示意

①割方:根据中线a确定其垂直线b。

②根据宅基地的情况,大致确定正房后墙的位置(不能紧贴基地边线,预留出地基范围),在中线上确定其位置为O。

③通过点O,用方尺作垂直于中线的直线L_1为后墙边线。

④根据房屋面阔,作L_1的垂线L_2、L_3为山墙边线,根据房屋进深作L_2、L_3的垂线,L_4为前墙边线,在四条外墙边线上打木橛。木橛不能打在房屋的四个角上,需向外延伸一段距离留出基础施工的空间,即图中的多个H点。

⑤将L_1、L_2、L_3、L_4分别向外偏移12~15厘米放线,确定地基的外边线。

⑥将L_1、L_2、L_3、L_4分别向内偏移放地基的内边线,偏移距离为墙体厚度加12~15厘米。

⑦匠人拿着盛有白灰的铁锹沿着放线走动,同时不断用木棒敲打

铁锹,撒下白灰,放线完成。

二、挑 根 基

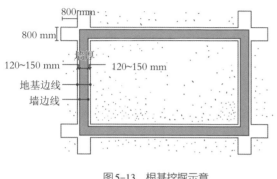

图5-13　根基挖掘示意

基坑的深度因基地情况而定。如果挖到坚固的横土层,则在此深度砌筑基础;如果没有挖到横土层,基坑应至少深2~3尺。如果基地条件允许,可在四个角处向外多挖80厘米左右,以方便施工(图5-13)。

三、砌 筑 基 础

基坑挖好以后,将底部夯实压平,并撒上一层石灰,用于吸水防潮,然后用灰土进行回填。灰土要用3份石灰加上7份白土再加少许水搅拌,使其打夯时不会扬尘,也使灰土能更好地黏结在一起。回填时要分层夯实,每层灰土7~8寸,为了使每层灰土厚度大致相同,可在基坑中竖一块砖为参照,每次夯实一块砖的厚度。打夯时,需要两人在基坑里抬夯,6~8人在基坑外拉夯,1人喊夯,3~4人填土(图5-14)。所

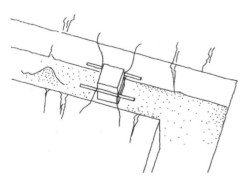

图5-14　基础夯实示意

有人相互配合,在喊夯人的口号下夯实基础,喊夯的人充当着指挥的角色。地基的边角处不容易夯到,可以用单人的小夯继续捣实。一般基坑要这样夯两三次。判断是否夯实的标准就是用铁锹等工具的木握柄捣地基,如果几乎没有什么变化就说明夯实了。灰土回填夯实至距离室内地坪40厘米左右。

灰土之上,再用开采好的荒石砌筑基础。根据石匠的经验,"一端平"的荒石最好,即一个人能把石头端起来,这样的石头大小较合适。将荒石放入基坑后,用红土和白灰按1:1的比例混合,加水搅拌均匀进行灌浆。浆水尽量稀一点,使其倒入石头缝中能够流动,倒进去以后,要用铁条支着石头来回摇动,使灰浆充分填充石头缝。等灰浆干了后,荒石就被黏结在一起。红土的黏性和硬度都比较强,与白灰混合后相当于现在的混凝土。荒石砌筑至低于室内地平10厘米处即可。

因为荒石形状不规则,上表面不平整,匠人通过观察用垫小荒石的方式进行局部找粗平,以便砌筑条石,即墙基石。墙基石作用有三:一是通过条石找平,二是增加地基的强度,三是减少雨水等对墙体的损坏。条石的尺寸一般为长4尺、宽6~8寸、高1尺。有条件的建筑墙体内外两侧都放条石,没条件的只在外墙用条石,内墙砌砖,中间用碎石或者砖块填心,砌筑好的宽度同墙厚。除了门洞的位置,四面墙的基础上都要砌筑条石(图5-15)。

放上条石后,就要进行细平了。必须确保整个房子地基是水平的,如果不平,可以在条石下加砖块或石块。古代匠人找平没有特定的仪器,都是自己做的简易水平仪,主要有以下几种制作方法。

①在水盆里装上水放在地面上,在盆下面放上沙,通过调整盆下面沙的厚度,使盆能装满水,说明其处于水平状态,然后沿着盆拉上绳即为水平线。这种做法操作不方便,需不断调整,且准确度不高,很少使用。

②用薄木板制作一个水平工具,在尖角上系上细线,并将其放在

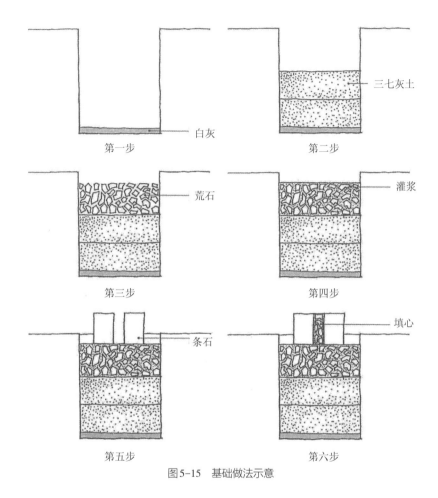

图5-15　基础做法示意

盛有水的盆中,保证该水平工具能自由转动。利用平行线位于同一平面的原理,一个匠人通过观察,指挥另一个人进行调整,最终确定参考的水平线。这种做法在当地被称为"水平"(图5-16)。

　　③在门板约中间的位置用墨斗吊上垂直的中线,中线两侧分别用方尺画上45°角的线,然后在门板上画出3条垂直于中线的水平线。找平时,在中线上面的点吊上铅锤,使木板上的中线与铅锤线重合,放的线与木板上任何一条线重合即为水平线。这种做法在当地被称为"旱平"(图5-16)。

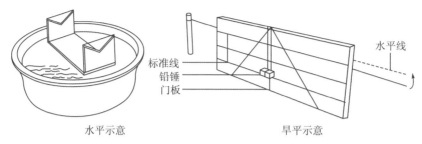

水平示意　　　　　　　　　　旱平示意

图5-16　水平与旱平示意

　　④中华人民共和国成立后,开始使用水平尺确定水平面。在平顺县深山区石板房的营造过程中,有时会利用陡坡沿崖边砌筑50~100厘米厚的石墙,然后将崖面填平作为地基。具体操作方法如下:较大的石材放在下面,用长条石拉结碎石,错缝搭接。为了保证石墙的稳定性,每砌一层前需放线找平并向内收分1~3厘米,墙体与崖面间填碎石和红土。当石墙砌筑至地平时,垫红土夯实,并在预建房屋的四周沿地基外扩1寸左右铺地平石,石头朝外一侧做平整,内侧尺寸、形状随意,顶面保持平整(图5-17)。这种砌筑方式,不需要任何胶凝材料,仅通过石块间的相互咬合就可以使砌筑物形成整体,施工简单、快捷,为山区石板房的建造创造了基本条件。

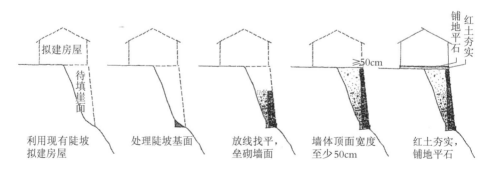

图5-17　沿崖边建房地基的处理方法

第三节
大木与构造

在晋系木结构类型的民居中,木构架民居易形成室内灵活空间,多种形式的墙体都可以进行填充。在晋北天镇县木构架民居营造活动中,工匠将檩条架数作为区分房屋形制和做法的标准。该地民居木架共有三架檩、四架檩、五架檩和六架檩四种类型,四者具有不同的特点,能够适应不同的使用需求,在民居中各有用武之地(图5-18)。

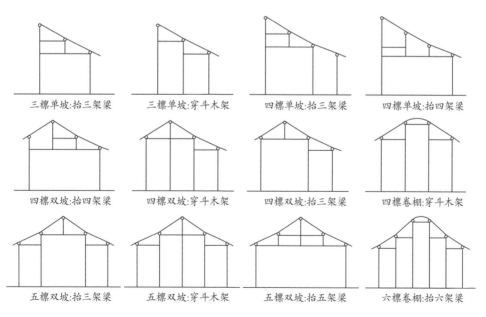

三檩单坡:抬三架梁　　三檩单坡:穿斗木架　　四檩单坡:抬三架梁　　四檩单坡:抬四架梁

四檩双坡:抬四架梁　　四檩双坡:穿斗木架　　四檩双坡:抬三架梁　　四檩卷棚:穿斗木架

五檩双坡:抬三架梁　　五檩双坡:穿斗木架　　五檩双坡:抬五架梁　　六檩卷棚:抬六架梁

图5-18　天镇县传统民居木构架剖面示意

一、木构件制作

在泥匠砌基础的过程中,木匠就开始了木构件的制作。木匠对主人家买回的木料进行选料。如果料的直径、长度不理想,就要缩小房屋的尺寸;若有弯曲的梁和檩,就要对相应构件的尺寸重新进行计算;对于加工中出现误差,木匠有俗语云:"错一寸不用问,错一尺凑合使,错一丈大没样。"这些都反映了乡村木作的灵活性。

1.柱类构件

柱子是天镇县民居结构体系中最重要的承重构件,根据其位置的不同,可以分为前檐柱、后檐柱、金柱、中柱。因其与多个构件相连,且有不同的连接方式,故其节点加工方法较为多变(图5-19至图5-21)。

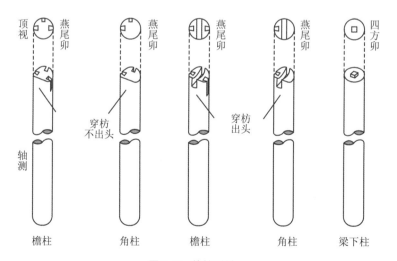

图5-19　檐柱形制

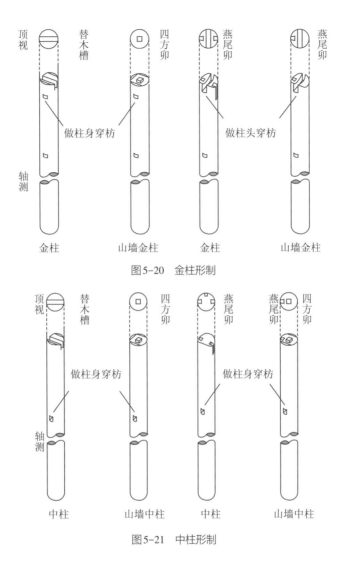

图5-20 金柱形制

图5-21 中柱形制

（1）前后檐柱

前檐柱露明，因此多用杨木或松木，是木构架中用材最粗的柱子，上下通直无收分，常见柱径20~25厘米，至少15厘米。考虑到美观的因素，前檐柱一般都会加工至平顺光滑。后檐柱形制与前檐柱相同，若露明则用材、加工均与前檐柱相同；若不露明则不做过多加工，直径稍小（墙体分担部分重量），常见的有10~20厘米。常见操作顺序如下。

①截料。选取通体直顺、两端尺寸差距不大的木料,用锛子砍去表皮疙瘩,用刮刀刮去树皮,用推刨进行初步平整。然后用尺子量取所需的尺寸并进行截料。木料怕短不怕长,截料时注意留荒,即粗截时比设计长度多留数寸,以防止加工过程中木料意外损耗而导致完成后长度不够。为避免浪费,截下的短料可做小木件。

②砍制。在木料小头圆面用墨斗吊中垂线,转动木料使中垂线平置,再重新吊一根中垂线,便做好了"十"字中线。然后以"十"字中心画圆,墨线尽量贴近木料边缘。画圆的方法是在垂线交点处钉一枚钉子,钉子上拴线,线另一头绑木棍蘸墨画线。下一步在木料侧面打4根侧中线,补齐大头圆面的"十"字中线,并做相同半径的圆。用锛子对木料从大头至小头进行砍削,砍削不能越过墨线而使木料直径减损。砍至两头基本一样大后,用刨平整切面,使柱身通直、木料两头直径相等即可(图5-22)。

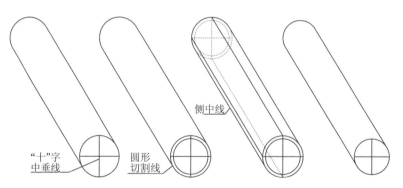

流程:用墨斗在小头圆面做出"十"字中垂线 ▶ 依照檩的平整度做出圆形切割线 ▶ 打四根侧中线,补齐大头圆面上的线 ▶ 沿切割线用锛砍削并用刨平整

图5-22 前檐柱砍制工序

③取平。在柱圆面用丁尺做上下平线,平线长度根据门窗外框的尺寸而定,一般为2寸左右。圆面平线画好后补齐木料侧面的平线,用锯沿平线去掉多余部分,再用刨刨平整(棱也要推圆),最后把被锯掉的两侧中线补上。在圆面中线两侧1寸位置打平行线,再打出侧面的

平行线,这样就做出了木料上下皮的三行"面线"。"面线"的作用是确定木料的位置,并辅助榫卯墨线的绘制(图5-23)。

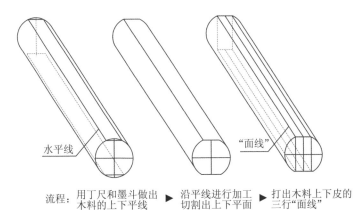

流程: 用丁尺和墨斗做出 ▶ 沿平线进行加工 ▶ 打出木料上下皮的
　　　木料的上下平线　　　切割出上下平面　　　三行"面线"

图5-23　前檐柱取平工序

④做卯。前檐柱柱头和柱身处的榫卯有多种形式,需要加工的有檩碗、人头卯、四方卯、凹槽等。以面线、中线为参照画出榫卯的墨线并加工,公卯用锯,母卯用凿。卯子加工好后,最后再凿出柱身两侧安装门窗用的槽(图5-24)。

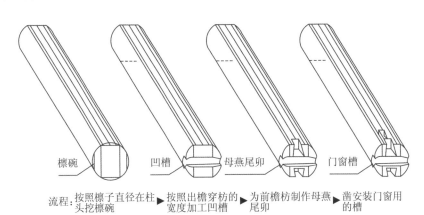

檩碗　凹槽　母燕尾卯　门窗槽

流程: 按照檩子直径在柱 ▶ 按照出檐穿枋的 ▶ 为前檐枋制作母燕 ▶ 凿安装门窗用
　　　头挖檩碗　　　宽度加工凹槽　　　尾卯　　　的槽

图5-24　前檐柱制卯工序

⑤标记。柱头卯子加工好后,量取相应的设计长度,并在柱底处将多余部分用锯截去。然后对柱子做标记从东到西顺次排列,命名方式为"前檐东一""前檐东二"等。

(2)金柱和中柱

金柱、中柱不露明,用材上略次于露明檐柱的木材,有收分,常见柱径为10~20厘米。金中柱的制作流程基本与檐柱相同,细节相对简化:一是砍制时,其表皮不加工,用锛砍去疙瘩即可,树皮可除可不除,柱身保留天然收分;二是做卯时,柱头挖出檩碗,并做四方卯,在柱底将留荒尺寸截去后,从柱底开始算尺寸,确定穿枋的榫接位置,在柱侧面中线位置画墨线、凿透卯(图5-25)。

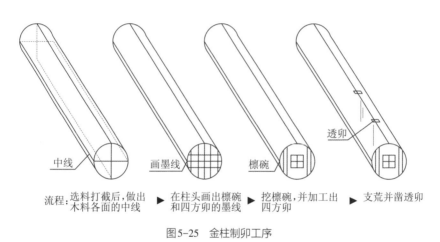

流程:选料打截后,做出 ► 在柱头画出檩碗 ► 挖檩碗,并加工出 ► 支荒并凿透卯
     木料各面的中线   和四方卯的墨线   四方卯

图5-25 金柱制卯工序

(3)瓜柱

瓜柱柱头类型与落地柱相同,柱身大多会加工为方形柱,常见柱径在12~18厘米。瓜柱间做穿枋相连,穿枋开榫位置既可在柱头,也可在柱身。天镇县传统民居中大多只抬一根梁,若梁上再抬一根小梁,则金瓜柱做四方卯顶二梁,脊瓜柱立于其上(图5-26)。

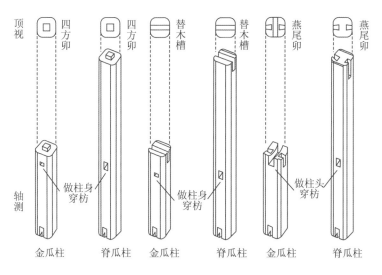

图5-26　瓜柱形制

2.梁类构件

明清时期的古民居大多采用木料直顺的方梁,工序繁多。中华人民共和国成立后,工艺简化,民房大多做圆梁,常使用弯曲木材,这样既可以利用天然的拱形提高承载力,又能降低瓜柱高度,节省材料。

梁用材的最佳选择是松木,次一等的是杨木,木料直径20~40厘米。梁大多会加工成矩形截面,截面的常见宽高比约为4:5。现在以常见的五架弯梁的加工方法为例进行说明。

①截料。有的木料不止一个拱弯,不仅上下弯,还有侧弯。侧弯太大的不能立瓜柱,故不宜做梁。先对选好的木料进行粗加工,用锛和刨去皮平整;把木料放在地上滚动,使木料的拱弯朝上。在梁上量取所需要的尺寸,留荒、截料。

②夹肋。两人拉墨线,在梁的上皮找出梁身中线,然后在两侧圆面上用墨斗吊中垂线,再在梁的下皮弹出中线,固定梁的体位。若梁弯曲程度较大,导致墨线不能一次弹完整,就需要用墨斗分段补弹。

继续拉墨线寻找出梁的两个侧肋切割线,找到后在弧面、圆面打出墨线,与梁背中线平行。然后按墨线切割木料,夹肋的做法能消除梁的臃肿,显出一定的美感(图5-27)。

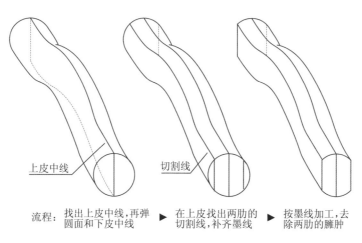

流程: 找出上皮中线,再弹 ▶ 在上皮找出两肋的 ▶ 按墨线加工,去
圆面和下皮中线　　切割线,补齐墨线　　除两肋的臃肿

图5-27　梁夹肋工序

③弹平。将梁身摆放成上架后的位置并固定,在梁身一侧两人拉墨线,根据木料弯曲情况确定水平中线的位置并弹出墨线。若梁身无法弹出完整的墨线,就在梁的两头拴线,做悬空的侧中线。侧中线是立柱、瓜柱定距和制卯的基准线,因而放线须仔细,不能出现太大误差。然后在梁的另一侧面和两个圆面补弹水平线。用丁尺在梁的小头圆面取上下平线,取线所得的上下平面应正好能够安放瓜柱,太宽了会伤梁。一端圆面的平线取出后,用墨斗在梁上下皮和另一端圆面弹墨线,侧面的上下平线应与侧中线保持平行(图5-28)。

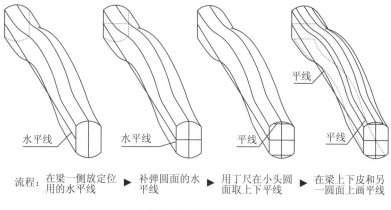

流程：在梁一侧放定位 ▶ 补弹圆面的水 ▶ 用丁尺在小头圆 ▶ 在梁上下皮和另
　　　用的水平线　　　 平线　　　　　　面取上下平线　　　一圆面上画平线

图5-28　梁弹平工序

④画线。按房屋剖面设计,在梁的侧中线上确定各立柱、瓜柱的榫接位置,并在侧面用墨斗做垂线进行标记。然后在梁的上下表面打出柱的落中线,依立柱、瓜柱的直径在上下平线上标记出结合面尺寸。若木料拱弯较大,则依侧中线为参照物,画与之平行的切割线。接下来用锯沿墨线对梁料进行加工,并用推刨平整结合面。最后锯掉梁料两侧留荒的部分(图5-29)。

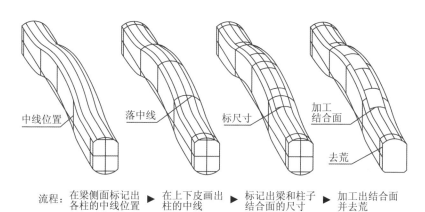

流程：在梁侧面标记出 ▶ 在上下皮画出 ▶ 标记出梁和柱子 ▶ 加工出结合面
　　　各柱的中线位置　　柱的中线　　　　结合面的尺寸　　　并去荒

图5-29　梁画线工序

⑤做卯。在接触面上用画签和尺子画出卯子的尺寸线,两侧立柱

做四方卯,中间瓜柱做双卯并凿销子眼。双卯的加工方法:先按尺寸要求画出墨线,然后蹲在梁的左侧凿双卯中左侧的一个,蹲在梁的右侧凿双卯中右侧的一个。这样做的原因是匠人凿卯的手法是固定的,双卯分两侧凿,就不会令母卯出现大的误差,更容易对榫入卯。

根据檩的形状在梁头打檩碗墨线,用锯和圆刨挖出檩碗。再根据前檐檩、枋的燕尾卯尺寸画出墨线,用凿子加工。梁头做好后,梁根端的圆面上可以刻字,大多是"福""禄""寿""喜"等(图5-30)。

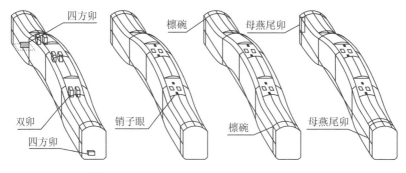

流程: 加工瓜柱的双卯和 ▶ 为角背凿销子眼 ▶ 在梁头挖檩碗 ▶ 加工与檩结合
　　　 落地柱的四方卯　　　　　　　　　　　　　　　　　　　的母燕尾卯

图5-30 梁制卯工序

⑥标记。梁的标记一般命名为"东一""东二""东三"。梁的根端和梢端也需要标记出来,根端朝屋外,梢端朝屋内。

3.檩类构件

檩的材料选择较硬的松木、杨木等。檩按位置不同,分为檐檩、金檩、脊檩等,其用材按由粗到细的顺序排列为前檐檩、脊檩、前后金檩、后檐檩。前檐檩的常见檩径约20厘米,脊檩檩径略小于前檐檩,金檩檩径为15~20厘米,后檐檩在不露明的情况下常见檩径约15厘米。

（1）垛檩

①截料。选取大小头相差较多的木料，用样杆量取所需长度，留荒、截料。然后用锛将木料上的疙瘩砍去，用刮刀除去树皮。

②打面线。木匠滚动木料，选较直顺的一侧作为檩的上皮。然后两人站在木料两端，用墨斗弹出上表面的中线。接下来在木料两端的圆面用墨斗吊垂线，与上中线相接。再滚动木料，弹出檩条下皮的中线。上下中线打出后，用墨斗在圆面中线两侧1寸的位置打平行线，如此完成上下三行"面线"（图5-31）。

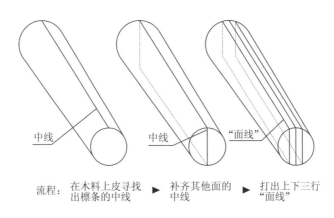

流程：在木料上皮寻找出檩条的中线 ▶ 补齐其他面的中线 ▶ 打出上下三行"面线"

图5-31　垛檩打"面线"工序

③取平。将丁尺贴在木料两端圆面的垂直线上，根据木料上皮的平整程度确定上平线，再用墨斗弹出檩侧面的线，这样就确定了檩的上平面。上平线的作用是保证挂椽时椽料平齐。然后在木料梢端从上平线向下量取一定距离确定下平线，做出其余各面平线。

依照上平线来加工木料，用锯子锯掉多余部分，切割面需要用刨平整。若加工上平面时削去了"面线"，完成后要把线补上。垛檩的下平面不需要做很多处理，只要在两端檩柱节点位置加工出平整的面，可以安放柱子即可（图5-32）。

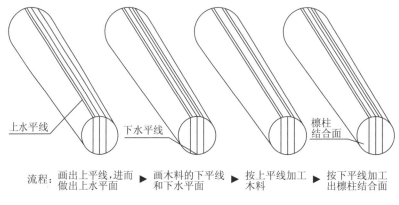

流程：画出上平线，进而 ▶ 画木料的下平线 ▶ 按上平线加工 ▶ 按下平线加工
　　　做出上水平面　　　　和下水平面　　　　木料　　　　　　出檩柱结合面

图5-32　垛檩取平工序

④做卯。用样杆确认檩条长度，去掉留荒尺寸。然后在檩梢端画出公卯需要的线，用锯加工出公卯。然后在大头取10厘米左右的长度画一圈墨线，依照下平线加工出承载小头的托盘。再打出根端母卯的墨线，用凿和锤加工母卯。最后加工与柱结合的四方卯，将檩燕尾卯结合面作为立柱的中线所在面，在檩根端下平面对应位置按尺寸画墨线，用凿子加工（图5-33）。

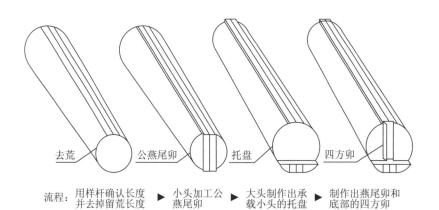

流程：用样杆确认长度 ▶ 小头加工公 ▶ 大头制作出承 ▶ 制作出燕尾卯和
　　　并去掉留荒长度　　　燕尾卯　　　　载小头的托盘　　底部的四方卯

图5-33　垛檩制卯工序

⑤标记。加工好的檩要在木料上进行标记,构件的编号从东往西进行,例如"二架东二""中檐东一"等。

（2）平檩

①截料。选取大小头差异不大的木料,用样杆量取长度,预留尺寸并截掉多余木料,再用锛和刮刀去除木料的树皮、疙瘩。

②砍制。方法与前檐柱砍制方法相同。打出木料圆面的"十"字中垂线,补齐弧面中线。在檩小头圆面上画砍制用的墨线,再在大头圆面画好。以此为标准用锛和刨对木料从大头至小头进行砍削推平。

③取平。补齐平木过程中削掉的中线,在木料两头圆面上用丁尺画上下平线,平线长度根据木料平整程度和枋尺寸而定。圆面的平线做好后补齐弧面的平线,然后用锯按上下平线加工,并用刨平整。最后打出檩料的上下三行"面线"（图5-34）。

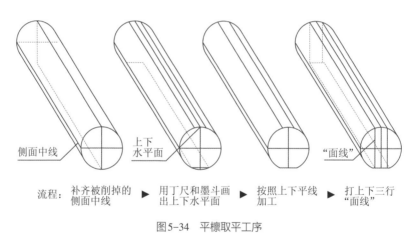

图5-34　平檩取平工序

④做卯。用样杆检查檩长并去荒,标记出木料的根端和梢端,然后在檩条梢端画线加工公卯,根端加工母卯,之后在檩身下皮按与下方构件的结合位置凿两个销子眼（图5-35）。

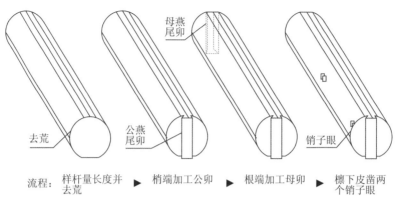

流程： 样杆量长度并 ▶ 梢端加工公卯 ▶ 根端加工母卯 ▶ 檩下皮凿两
去荒　　　　　　　　　　　　　　　　　　个销子眼

图5-35　平檩制卯工序

⑤标记。按照习惯为加工好的檩条编号。

4.枋类构件

（1）檩下枋

檩下枋大多为杨木，木径稍小于檩条，是檩条木径的3/4左右。以前檐枋为例，其加工方法与平檩基本相同，区别在于榫卯的做法。枋两头做稍短的人头卯，卯尺寸与前檐檩保持一致，两侧进行砍肩。枋的上皮加工出两个销子眼和檩连接，下皮加工一个销子眼和窗框结合（图5-36）。

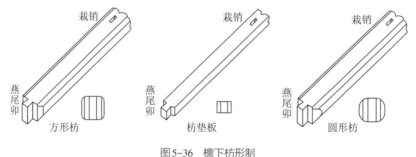

图5-36　檩下枋形制

（2）穿枋

穿枋用材选择较多，松木、杨木、柳木等均有应用。民居中的穿枋形制较为简易，多为较细的圆木。少数民居中会加工为方形截面，常见直径为5~10厘米，长度依柱距而定。加工时首先算好柱距和出头长度，截料，再按透卯尺寸对木料两端进行画线加工，穿出部位应凿穿并用销子固定（图5-37）。

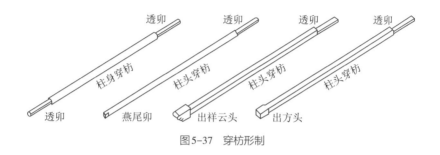

图5-37　穿枋形制

5.椽类构件

椽依其所在屋坡位置不同，自下而上依次为飞椽、檐椽、花架椽、脑椽，形制有直椽、弯椽、飞椽3种。其中，檐椽、花架椽、脑椽为直椽；卷棚房屋的脑椽为弯椽，当地俗称"罗锅椽""背锅椽"；檐椽外出檐用飞椽。椽的常用选材为杨木，木径在10厘米左右（图5-38）。

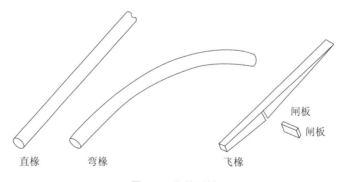

图5-38　椽的形制

117

（1）直椽

不露明的椽只需要进行简单的加工，使其大致通直，再截取所需长度即可。露明的檐椽应对椽头出檐部分进行取圆处理。弯椽则选用专门的弯木料进行制作。

（2）飞椽

做飞椽的木料要求直顺，长度在1.2米左右。具体做法：在木料两端圆面做"十"字中线，小头上做最大正方形，再在大头按同样尺寸画线。补齐弧面的所有平线，用锯将圆木取方。然后量取所需木料长度，按1:2:1的比例划分，打出墨线。在中间一段的两侧打对角线，沿对角线将木料切割成两块，此切割面即飞椽与檐椽的结合面。在其中一块的底部打斜向墨线，用锯加工出飞椽出檐部分的底面。再在出檐部分两侧打斜向墨线并切割，这样飞椽椽头就有了收分，透出上扬飘逸之感。最后在飞椽两侧加工出插飞板的凹口，再用刨平整各个面（图5-39）。

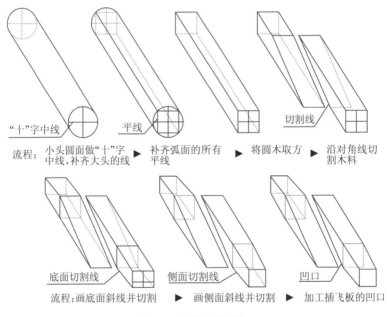

图5-39 飞椽加工工序

6.其他构件

(1)替木

替木用材大多为杨木,厚度依檩径而定,高度为厚度的1.2~1.5倍;长度随檩跨而定,常见的尺寸是50~60厘米。替木与檩用栽销的方式连接,替木用开槽的方式插在柱头上(图5-40)。

(2)角背

角背同样使用杨木,其形制与替木相仿,瓜柱底端开槽插角背,角背用销子和梁相接。角背厚度随瓜柱而定,高度约为厚度的1.2倍,长度约为厚度的6倍(图5-41)。

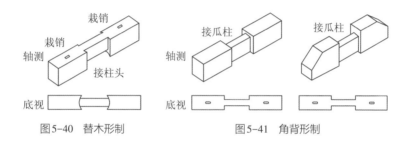

图5-40 替木形制　　　　　图5-41 角背形制

(3)连檐与瓦口

连檐是固定椽头的横木,连接檐椽的称为"小连檐",连接飞椽的称为"大连檐"。连檐的用材为杨木、柳木等,与椽用钉钉的方法连接。民居的连檐形制简易,大多是断面为矩形的长木条,不做其他加工。连檐厚度通常为4厘米左右,宽度为12厘米左右,长度随房屋面阔而定。

瓦口位于大连檐上,是承托前檐瓦当的木构件。其上边缘随板瓦做凹弧,下边缘用铁钉固定在连檐上。瓦口的断面大多是直角梯形,其高度接近檩径,底部宽度约为连檐宽度的1/2,长度随房屋面阔而定(图5-42)。

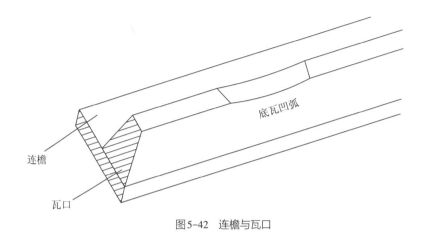

底瓦凹弧

连檐

瓦口

图5-42　连檐与瓦口

二、大木立架

营建中立架的方法大致有3种：一是按进深方向进行穿架，立起各榀木架后再上；二是按开间方向将檩和柱连接，立起各排木架后，再用穿枋将各柱串联起来；三是不穿架，立起一列柱子后用穿枋连接，如此将各列柱子立好，最后上檩。这三种方法殊途同归，施工中使用的一些方法和技巧也基本相同。现在对常见的第一种方法进行介绍。

1.穿架

先将房屋进深方向的一列柱子平放于地面，然后用穿枋进行串联，用穿销进行固定。然后对整体的牢固程度、尺寸进行检查，如有问题则进一步加工处理。为防止立架时扭断榫卯，还需在一榀木架靠下位置固定一根垂直的长木棍，这样就穿成了一榀木架，然后再依次穿好其余各榀木架（图5-43）。

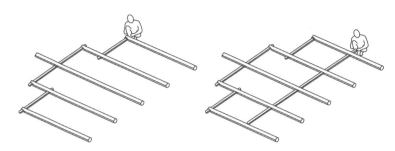

在地上按次序摆放柱子,用穿枋串联　　　　　为保护榫卯,在木架靠下位置绑一根长木棍

图5-43　穿架方法示意

2.立架

立架应先立山墙的两榀木架,然后立中间的木架。将柱子底部的十字线和柱顶石的十字线大致对准,几个人同时用脚踩住柱底,一起用力拉绳子,将一榀木架拉起立正,并用马腿把前后檐柱绑好。然后检查各柱十字线和柱顶石的十字线是否对齐,未对齐则进行调整,如此完成一榀木架的立架。山墙木架立好后,再将中间的木架按同样方法依次立好(图5-44)。

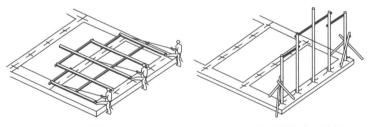

将山墙的一榀木架用绳子拉起　　　　　用马腿固定前后檐柱,拆下木棍

图5-44　立架方法示意

立带梁的木架时应固定好梁头榫卯,方法有二:一是梁头左右绑两根椽,待立起后再拆下,这种方法适合粗重的梁;二是用绳子挽成套索套在柱子上,并绕过梁头,人从另一侧拉绳,将木架立起,然后再将绳子绕回,绳索自然落下。这种绑绳方法既保护了榫卯,又避免绑扎柱头的烦琐,适合一般的梁。梁立起后,再放角背,栽瓜柱(图5-45)。

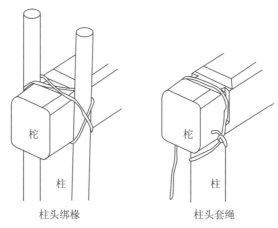

柱头绑椽   柱头套绳

图5-45 柱头固定方法示意

3. 上檩

  各列木架立好即可上檩,正房的檩条一般从东边一间开始。方法是两人爬上,用绳子把檩条往上拽,同时下边有人向上抬。将檩条抬到合适位置后,用锤子把卯子打牢固即可。若是檩下带枋,则先上枋、栽好木销,然后将檩对入榫卯。最东边的一间上好后,再依次上剩下开间的檩。上檩后要对木架的精度进行检查,如檩是否水平、柱是否垂直、各檩条和立柱的墨线是否对齐等。发现有问题则及时调整,严重的下架返工。正中一开间的中檩(脊檩)也称"中梁",这一根檩的卯口底下垫上木板,须按照风水先生选择的吉日良辰举行上梁仪式后才能对榫入卯。檩上好后,即可拆去马腿(图5-46)。

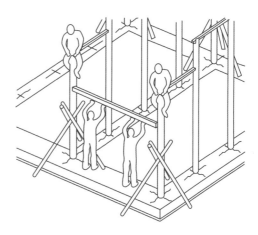

图5-46 上檩方法示意

第四节
墙体与拱券

　　晋系传统民居的墙体围护分为以下几种类型：靠崖窑与地坑窑是在打窑的过程中依靠自然环境形成围护；锢窑、砖木混合结构、石板房是依靠承重墙体形成围护；木结构房屋是在受力木框架搭建完成以后，使用砖包墙、石墙、土墙等填充物形成围护。下面以锢窑民居营造为例，介绍墙体与拱券的营造过程。

| 一、墙　　体 |

　　墙体按照位置可分为山墙、后墙、隔墙、前墙，按照砌筑材料可分为夯土墙、土坯墙、砖墙、砖（石）包夯土墙、砖（石）包土坯墙。砌墙的先后顺序为先砌后墙，然后砌山墙、隔墙，最后砌前墙。

　　夯土后墙砌筑的工艺最复杂，为了保持结构的稳定性，外侧需单面放坡。后墙一般高4米，墙根厚达1.3米，有些较高的后墙，墙厚甚至会达到1.5米，墙体顶部为60~70厘米宽（图5-47）。

　　夯土墙必须搭设模架。先用木桩立起一个直角梯形的架子，拼接处用铁丝或麻绳固定，还可加入木楔使架子更加结实。架子下端埋在土中固定，侧边用木板挡起来，并用木桩抵住木板；然后将3~5根木桩

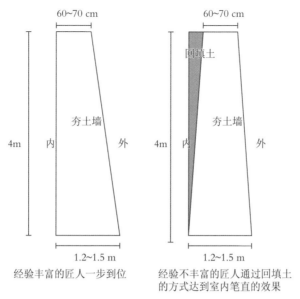

图5-47　夯土后墙砌筑

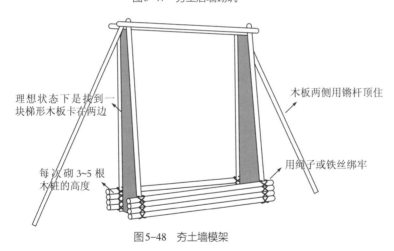

图5-48　夯土墙模架

摆起来并固定在架子之上,然后将黄土分层放在模架内夯实,每连续夯3~5根木杆摆在一起高度的黄土,需要抽杆换杆,继续向上填充夯实(图5-48)。

后墙可以砌到最终高度,也可以先砌筑到起券高度,如1.2米左右。夯土墙都是一段一段完成的,每砌筑好一段,就需要移动模架,然后紧接着在砌好的墙体上重复施工。因此,模架的长度越长,施工越方便;模架越短,需要移动的次数越多,施工越烦琐。除了夯土墙以外,后墙还可以用土坯砖砌筑,墙体同样应做适当的收分。

山墙,在当地也称作"大臂",砌筑材料及方法与后墙相同,只是不做收分。隔墙,当地称为"窑腿子",全部用砖砌筑。隔墙高度一般为18层砖,当地流传"死头活腿子"的俗语,"头"指的是拱券,"腿子"指的就是隔墙。当窑洞面宽一定时,拱券矢高是固定不变的,因此窑腿高度往往依据窑洞中高的需求而定。

二、拱　券

拱券是锢窑营造过程中的难点,尽管每一位匠人砌筑的方法及习惯略有不同,但流程及工艺大致相同。按照拱券各部分建造顺序,可分为以下几个步骤:支模、砌砖、拆除模架、合龙口、加固拱券(填充八字壕沟)。以下以五眼窑洞为例讲述拱券建造流程。

1.支模

支模,就是指搭设拱券模架,是砌筑拱券的第一步,也是最重要的一步,可分为4个环节,分别是搭建临时模架、拉线、搭木桩以及抹泥。

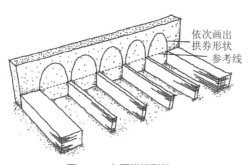

图5-49　勾画拱券形状

临时模架包括支架腿与人字架两部分,搭设完成后置于山墙与窑腿之间,具体操作流程如下。

首先,绘制拱券形状(图5-49)。窑腿砌筑到位后,匠人们会选用尖锐的器物在土制后墙上勾画出主人家想要的拱券形状。

然后,铺排临时支架。选取工地上废弃的木头、砖等材料,紧贴后墙砌筑一个与窑眼开间(净尺寸)等宽、与窑腿等高的支架腿,参照画在后墙上的券形,在其上方用细、短木桩绑扎搭设人字架(图5-50)。将支架腿与人字架组成的临时支架沿着窑洞进深方向间隔铺排,数量越多,拱券形式越精准(图5-51)。临时支架铺排完成后,再根据后墙的券形,每隔2~4层砖的距离拉一条线,紧紧系在人字架上作为参照线(图5-52),将木桩绑扎固定在临时支架上,其间距与各直线的间距相符(图5-53)。如财力有限,只能制作前墙、后墙两处临时支架,则须每隔一层砖拉一条参照线,且拱券砌筑得是否精准全凭匠人手艺。

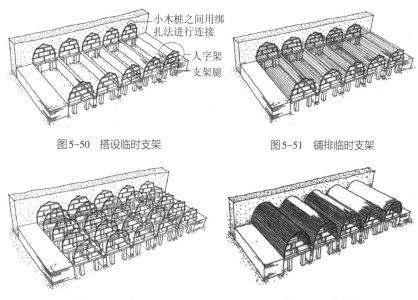

图5-50 搭设临时支架   图5-51 铺排临时支架

图5-52 拉线   图5-53 搭木桩

最后,抹泥。抹泥分底泥和面泥两层:底泥为麦秆泥,较为粗糙;面泥为麦壳泥,较为细腻。抹泥的过程至少需两个工匠同时进行,一个工匠蹲在搭设的木桩上抹泥,另一个工匠将调配好的泥土不断运送上来。抹完两层泥后,用腻子刀沿着木桩搭好的拱券形状将泥抹平、抹匀(图5-54)。

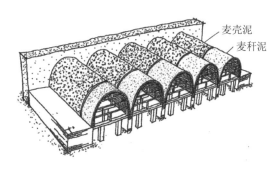

图5-54 抹泥

2. 砌砖

待表面的泥干透后即可砌砖,砌砖时匠人们可直接踩在泥面上施工,每个拱券可承受2~4人。匠人先用墨盒在泥面上拉线,经验丰富的匠人每隔2~4层砖拉一条线。干摆砖时参照拉好的墨线,为保证拱券的对称性,每一圈砖的总数均为奇数。干摆砖完成后,将配制合格的灰水灌入砖缝内,待灰水干透,用腻子刀抹平(图5-55)。值得注意的是,窑脸正中顶点处的砖被称为"合龙砖",暂时空置,待举行"合龙口"仪式时将其郑重填上。

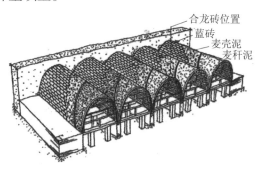

图5-55 砌砖

3. 拆除模架

砌砖完成后约7天,待灰水完全干透时,就可以拆模架了。该过程最容易引发安全事故,故须严格按照正确的流程进行。首先,将临时支架层从外到里逐一撤掉,尽量采用平和的方式,不破坏材料本身,方便以后再利用;然后,将拉起的直线逐一剪断,缠好收起来;最后,由外到里抽木桩,且每抽完一节就要用铁锹把上面的泥铲掉。铲泥的时候需注意两点:一是人不能站在窑洞正下方,要站在两边,否则很容易被掉下来的土块砸伤;二是注意不要在砌筑的蓝砖上留下坑疤(图5-56)。

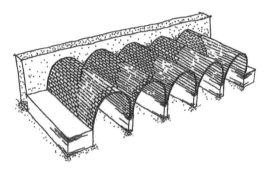

图5-56 拆除模架

4.合龙口

合龙口当天,工头先把合龙砖用红纸或者红布包裹好,再另准备5种颜色的布条,即红色、黄色、蓝色、绿色、粉色,用红线将5色布条的一头绑起来塞到缺口里,再把包着红纸或红布的砖放进去,将布条一端压实,长出来的部分自然下垂。做完这些后,主人家摆宴席宴请所有的工人与乡邻,合龙口的仪式就完成了。

5.加固拱券

填充八字壕可以加固拱券,填充之前须将山墙砌至最终窑顶的高度,将前墙砌至比拱顶高一尺五的位置(图5-57)。八字壕填充材料为黄土,土里面不能夹杂过多的草根、树叶等杂质,还要适当加些水保证其湿润性。黄土每虚铺20厘米夯实一下,具体铺设的层数根据八字壕的高度决定。填充时,沿着窑洞进深方向每隔1~1.5米砌筑一排砖垛,高1米,宽0.26米,以抵抗拱脚处最大的推力,增强锢窑的整体稳定性(图5-58)。所有的八字壕必须同时填充,否则拱券容易因受力不均匀而坍塌。

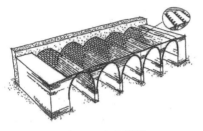
图5-57 加固拱券

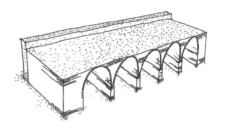
图5-58 填充八字壕

第五节
屋 面 做 法

晋系传统民居的屋面分为木构屋顶和覆土屋顶两种类型。木结构、砖木混合结构、石板房采用木构屋顶,上铺瓦或石板;锢窑采用覆土屋顶。

| 一、木 构 屋 顶 |

屋面构造包括椽子、栈子、覆泥、铺瓦4层,木匠负责挂椽、压栈、施瓦、起脊由泥匠施工。栈子层覆盖在椽子层上,用来承托黄泥;覆泥层承托瓦当,还能起到防寒的作用;铺瓦层的作用是防雨,瓦当使用筒瓦、板瓦、猫头、滴水4种(图5-59)。

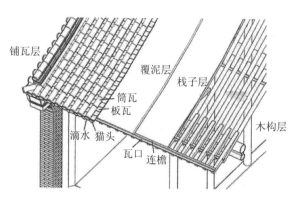

图5-59 屋面构成示意

1. 挂椽

挂椽前需要在平地上预先排列,将一排椽调整到大致平齐,遇到弯椽则调整摆放角度或略做加工。挂前檐椽之前,先在房前檐拴一条椽端头上沿的控制线,其水平出檐距离根据房屋的设计而定,垂直高度则可以根据房主的要求做微调。若希望室内获得更多光照,则将控制线略微上抬,对前檐椽进行旋转调整,使椽向上挑起(椽料均有弧度),并对其室内一端进行砍削加工;若希望室内阴凉,则将线略微下放,调整摆放,并将椽的室内一端稍微垫高。

控制线放好后,将椽上皮贴住线,调整椽的位置,使其直顺的一面朝上,用铁钉将椽固定在檩上。椽之间的间距略大于椽径,一开间一个坡面椽的数量一般是15根。后檐椽同样需要用线控制,但不需要调整线的垂直高度。

房屋前檐一般都做飞椽,后檐可不做。方法是在檐椽头上钉小连檐、铺木板,然后拉水平线、钉飞椽。飞椽应保证其端头略微向下倾斜,这样做的好处在于出檐坡度较缓,雨水不会直接从房檐冲出;而飞椽略有倾斜,雨水也会沿着飞椽底面倒流向内。最后,在飞椽上钉大连檐,连檐的料长不够时,则放水线分段制作。椽子全部挂好后,房屋木架各部分的所有尺寸便固定了,不会再变。

檐椽挂好之后再挂内侧的椽,挂的过程需要用线保证水平。椽子在檩条上的搭接方法有两种:一是乱搭头,椽头相互错开,椽子以铁钉固定在檩条上,古时用软绳或柳条串联;二是椽花连接,即上下两坡椽均用燕尾卯连接在椽花上,用这种方法固定的椽子更为美观,当地俗称"挂钩椽子"。在民居建筑中,乱搭头是最主要的方式(图5-60)。

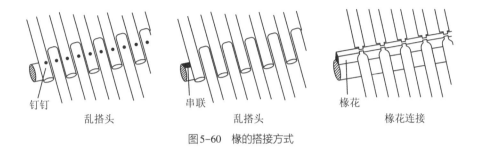

| 钉钉 | 串联 | 椽花 |
| 乱搭头 | 乱搭头 | 椽花连接 |

图5-60 椽的搭接方式

2.压栈

木架和墙体做好后便进行压栈的工序。方法是用斧子将木料劈制成长条形薄木板,称为"栈板",将其满铺在椽子上并用小钉子固定。然后在栈板上抹一层1厘米左右的泥,在泥上放秸秆、干草、柴火、树皮等,铺平压实,称为"影栈"。影栈的作用是隔雨防潮,使栈板不易腐坏。也有的房屋不做影栈,直接在木板上抹泥。

3.施瓦

(1)定位

在檐头找出屋面的中线,并做标记,本地讲究"底瓦坐中",中线为屋顶中间一列底瓦的中点,再在两山墙博缝外皮向里量取约两个瓦口的宽度并做标记,然后在中间底瓦和两端瓦口之间试着排瓦。若不能排出合适的位置,就调整两边底瓦的宽度。各个瓦口的位置确定好后,木匠用小锯子加工出瓦口木,钉在连檐上。最后按前檐瓦口位置在屋脊处放线找位置,然后做标记(图5-61)。

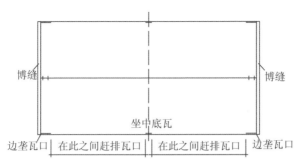

图5-61 施瓦定位方法示意

（2）拴线

按瓦口位置先做好两边山墙和中间的几列瓦，然后在前檐猫头、屋面转折处、屋脊处的筒瓦熊背上拴三条水平线，作为瓦垄的高度标准。另外，前檐滴水尖下沿也需拴一道水平线，以使前檐滴水瓦整齐（图5-62）。

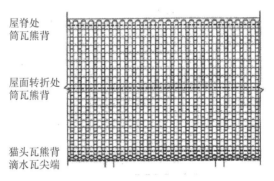

图5-62 拴线位置示意

（3）铺瓦

铺瓦前检查瓦件，去掉残缺、有裂纹者。按照拴好的线一条一条地抹黄泥、放瓦当，按从前檐至屋脊的顺序排列。猫头要紧靠滴水瓦，防止排雨时雨水渗漏，滴水瓦尖按线整齐排布。滴水的出檐最多不超过自身长度的1/2，常见的在6~10厘米。放板瓦时应宽头朝上，搭接密度一般是"压六露四"，即每块底瓦有6/10被上一块瓦盖住，搭接部位抹石灰浆作为黏结材料。

　　两列板瓦放好后，中间抹好泥，放一列筒瓦。筒瓦熊头朝上放置，上边的筒瓦要盖住下边筒瓦的熊头，熊头上抹石灰浆。筒瓦不紧挨板瓦，它们之间留出约3厘米的距离，称为"睁眼"。筒瓦铺完后，要用灰浆在瓦当接头的地方勾抹，并将筒瓦和板瓦之间留的空隙抹平（图5-63）。

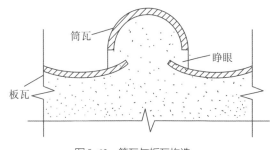

图5-63　筒瓦与板瓦构造

4.起脊

　　本地房顶屋脊部分喜做卷棚，做法与屋面施瓦大体相同，曲弧部分的瓦梢须劈砍加工，缝隙要用灰浆勾抹严实。起脊的形式大多很简单，仅在脊檩上砌几层砖作为正脊。部分人家会做较复杂的屋脊，做法与官式建筑的皮条脊相近。屋脊构造如下（图5-64）。

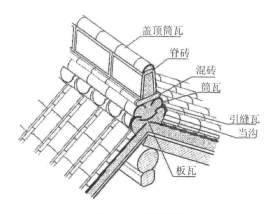

图5-64　屋脊构造

（1）捏当沟

两侧屋面的瓦当铺到接近屋脊的位置时，调整瓦的摆放位置，使两侧瓦当间隔一定的距离。然后在脊檩正中放水平线,依水平线排布胎子砖或板瓦。若放胎子砖,则间距要能放下一砖宽,砖放入两瓦之间;若放瓦,则两侧瓦间隔几厘米,正上方扣泥并摆一排板瓦。然后在胎子砖或板瓦两侧抹泥、放筒瓦,两侧的筒瓦称为"当沟",此过程中需拴水平线作为参照。

(2)放筒瓦

在当沟上放引缝瓦,底部抹灰浆与当沟瓦黏结。引缝瓦是用于排水的三角形瓦当,正面多做雕刻。接下来在引缝瓦上按照做当沟的方法摆一排筒瓦,筒瓦上抹灰浆,盖一两层混砖。也有不放筒瓦的做法,例如在引缝瓦上摆两层砖,砖上再放混砖;或将筒瓦一分为二,在引缝瓦上摆两层瓦条,瓦条上放混砖。经济条件稍差的人家做到这一步时,在混砖上再施一排筒瓦,即完成起脊工序。

(3)砌屋脊

古时较为讲究的房屋中,还会在混砖上方继续摆放脊砖,专门起脊。脊砖是正面饰有精美砖雕的空心砖,两侧和底面均有孔洞。不同地区的脊砖规格略有差异,常见尺寸大约是60厘米×15厘米×40厘米。摆脊砖前应在混砖对应位置凿孔,孔内插木条或砖条,然后在砖面上抹灰浆、放脊砖。脊砖放好之后要用木条将砖侧向的孔进行串联,增强其整体性。最后在脊砖顶部放筒瓦盖顶。

二、覆土屋顶

锢窑营建过程中,填充完八字壕后继续进行屋顶覆土,以保证屋顶雨水不渗透到屋内且屋子具有良好的保温性能。覆土所用土质与八字壕相同,土的厚度则与主人家经济条件相关,经济条件越好,屋顶构造层次越多,土也越厚。匠人们一般将覆土厚度控制在40~60厘米,前后高差在20厘米左右,便于排水。具体操作流程如下。

先将山墙、前檐墙砌筑至最终高度,然后沿着后墙内边垂直量出60厘米并画线,沿着前墙内边垂直量出40厘米并画线,在这两个高度的线之间拉一条直线,作为覆土时的参考线。前墙处预留排水口,各八字壕中心线处立一个木桩,拉线时将此处的参考线往下压10厘米,使其形成一个缓坡,便于雨水迅速汇聚至前墙预留的排水口(图5-65、图5-66)。

屋顶铺土时分层夯实,沿着坡度线每虚铺20厘米就夯实一次(图5-67)。铺土完成后,在其表面均匀撒上一层三七灰土(至少2厘米厚)并用木桩夯实,灰土要稍微干一些,不能太湿,检验标准为用手攥时稍用力,灰土即可成团(图5-68)。屋顶覆土至此就完成了,条件稍好的人家还可以在屋顶表面继续铺砖。铺砌时先将砖的长边顺着排水坡摆好,然后用灰水灌缝,待灰水干透后用抹子抹平、勾缝、压缝。

屋顶做好以后,就可以砌筑花墙了。花墙也是主人家经济实力的

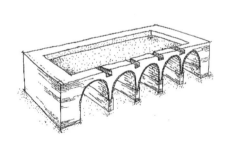

图5-65　预留排水口

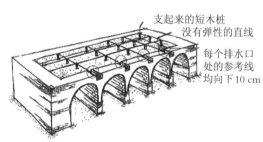

图5-66　拉参考线

图5-67　屋顶铺土分层夯实

图5-68　屋顶表面撒灰土夯实

体现。越富有的人家花墙砌筑得越讲究,其种类多样,砌法千变万化,高度一般是80厘米左右(图5-69)。

覆土的屋顶需要多加维护,如定期清除屋顶杂草,填补屋顶缝隙。下过雨之后,还要对屋顶进行修整、夯实碾压,使屋顶光滑、平整、结实,防止屋顶产生裂缝、生长杂草。

图5-69 花墙

第六节
室 内 装 修

　　晋系传统民居中的主体结构及围护完成后,就开始室内装修。室内装修通常包括地面、顶棚、墙体抹灰、盘炕,在二层建筑中还包括室内楼梯。

| 一、地　　面 |

1. 素土地面

　　素土地面的做法简易,在地面铺土,放线找平后洒水,用夯子打实,做一两层,最后在夯实的地面上抹一层黄泥。20世纪70年代后,民居做素土地面的就不常见了。

2. 墁砖地面

　　墁砖地面最为常用,通常由垫层、中间层、面层组成。

　　垫层为素土夯实,先铺土,放线找平,然后洒水夯实。中间层一般采用灰土,做法是生石灰和黄土按一定比例混合,然后加水和成泥,均匀涂抹在地面上,中间层干燥后有防潮的作用。面层使用砖材,20世纪六七十年代材料有限,使用的铺地砖有城墙砖、明清古砖、青砖。铺砖前泥匠将砖尺寸、灰缝尺寸、砖的列数提前算好,先铺相邻两个侧边,再放线找平,每铺一列砖就挪一次线。砖之间错开缝,铺砖时将沙子和黄土混合倒入砖缝,再挤压牢固。底边的砖如果尺寸不合适,要用小斧子或瓦刀修整。

二、顶 棚

顶棚紧贴梁上皮制作,无梁的房屋顶棚则在前檐檩中线向上几厘米的位置。顶棚的用材是杨木条,较粗的横向木条与檩平行,长度为一开间,用木棍钉挂在檩的下方,两端搁置在墙内。较细的纵向木条长度略长于横向木条间距,两端搁置在横向木条事先做好的卯口里,排列紧密。最后在打好的木条上铺设苇席或牛皮纸。

三、墙 体 抹 灰

墙体抹灰分为3层,底层为粗找平层,用纯黄泥抹,厚度为2厘米左右;中层为精找平层,用穰泥抹,厚度为1厘米左右;最外层是饰面层,用本地产的生石灰兑水拌匀后进行涂抹,厚度为几毫米。抹面用的白灰和砌筑用的白灰浆是同一种材料,区别是砌筑灰浆水少灰多,抹面灰浆水多灰少。讲究一点的还在室内墙底部砌筑一层青砖作为勒脚。抹墙完成后,为使墙面快速干燥,往往会在室内放火盆烘烤。

┃ 四、盘　炕 ┃

　　山西地区冬季寒冷，室内主要靠火炕取暖。火炕紧挨窗户，宽
7.5~8.5尺，深5.5~6尺，高2~3尺。火炕包括炕沿、炕口、炕面、支柱等
几部分，由砖和土坯砌筑。盘炕一般在门窗外框和窗台完成后再做，
分为以下几个步骤(图5-70)。

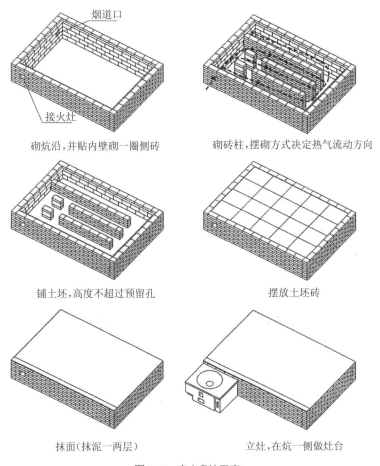

砌炕沿，并贴内壁砌一圈侧砖　　　　砌砖柱，摆砌方式决定热气流动方向

铺土坯，高度不超过预留孔　　　　　　摆放土坯砖

抹面(抹泥一两层)　　　　　　　　　立灶，在炕一侧做灶台

图5-70　室内盘炕工序

①砌炕沿:根据设计尺寸放线,确定炕沿位置。用顺砌的方法砌筑四边炕沿,砌筑时预留出灶口和烟道口的位置。紧贴炕沿内壁,将砖立起来再侧砌一圈,高度比炕沿低一皮。

②砌砖柱:用顺砌的方法砌筑3道支柱,高度与侧砌的砖相同,平面布置应能使热空气顺利流动到炕的各处。

③铺土坯:炕内垫一定高度的土(不超过预留洞口),然后在侧砖和支柱上铺满土坯。

④摆放土坯砖:以四边炕沿为界,在炕内整齐摆放土坯砖。

⑤抹面:土坯上用黄泥、麦秸泥等抹一两层,抹完后平整表面、压实。

⑥立灶:泥匠在预留灶口的位置做灶台。灶台承担着做饭、取暖的功能,生活中不可或缺,因而本地有敬奉灶神的习俗。

| 五、室内楼梯 |

室内楼梯的主体为木结构,楼梯一侧紧邻墙面,顶端固定在二层楼板上。楼梯口处设置一个翻板,平时搭在二层楼板上,人上来时将其打开。楼梯下端一般不直接落在地面上,而是设置一个台基。台基多用墙砖搭建,偶尔会用条石。台基的方向多垂直于楼梯,增加了楼梯前端的空间,方便使用。

传统民居建造对室内楼梯没有严格的规范要求。为了节省空间,楼梯都做得比较陡。楼梯口的宽度要允许人扛着布袋通过,所以一般宽为70厘米左右,长为100厘米左右。

第六章 晋系传统民居的雕刻技艺

晋系民居的装饰以彩画和雕刻为主。建筑装饰在封建社会有着严格的等级差别,成为"明贵贱,辨等级"的手段。《明史·舆服志》载:"庶民庐舍,……不过三间五架,不许用斗拱,饰彩色。"这种限制一直沿用至清代。到了清代,民居所受的限制较少,因而建筑装饰有了很大的发展,如木雕手法就是既不违制又能解决装饰问题的最好方法之一。晋系民居不但在木材上施以雕饰,而且充分运用了传统的石雕、砖雕等工艺做法,结合当地的技艺特点,使民居装饰呈现出多姿多彩的风貌。这些装饰与建筑完全融为一体,既是建筑构件,又起到美观作用,给人以自然、亲切、合理、得体的视觉感受,从而成为晋系民居建筑艺术必不可少的组成部分。

一般而言,雕刻是山西民居最常用的装饰方式。从材料的选择上来看,主要有木雕、砖雕和石雕等类型。这些雕刻艺术品俯仰可拾、寓意深刻、疏密有致、恰到好处。

第一节
木 作 技 艺

通常,木雕主要分布在门户、窗棂、隔扇、屏风、挂落、匾额、垂柱、勾栏、雀替、梁枋等建筑构件上。木材具有易于雕刻、拼连随意的优点,所以,木雕的表现力非常丰富,反映的内容也十分广泛,如"福禄寿喜""千秋万岁""和合二仙""牡丹富贵"等。山西民居的木雕技法主要有浅浮雕式、镂空式、复合叠加式3种。浅浮雕式用于衬地和边框或特

殊效果的通间栏板,如一些驼峰都是这种浅浮雕。这种雕刻的效果平
展开阔,构图均匀,底和面高差不大(图6-1)。

　　镂空式是将整个构件雕刻出一种主体景物的木雕效果,所雕花卉
鸟兽皆跃然栏上,生动自然。这种手法形成的作品,底与面高差很大,

图6-1　榆次常家雍和堂浅浮雕大门

最大高差可达10厘米。它是由一块完整木料雕凿而成的,故有人称之为"高浮雕",与浅浮雕相比,自然加深了景物层次,增强了艺术魅力(图6-2)。

复合式是一种复合组构的木雕形式。做法是先将地纹刻好,然后将另外加工刻成的人物景象复合叠加镶嵌于底板的地纹上,从而组成各种内容的图案。这种做法的效果,较镂空式别具风味,是在平展开阔的地纹板上呈现出的一组组栩栩如生的高凸画面。整个作品有高有低、反差明显,起伏变化灵活、趣味横生(图6-3)。

图6-2 镂空式木雕　　　　　　　　　图6-3 复合式木雕

1.门窗

门窗是具有防风、防沙、御寒、御热、采光、通风功能的综合设施。房门俗称"家门",用厚木板做成,多为两扇,内安门闩和门关,是室内防盗的安全措施之一。街门除了门闩外,还要有顶门杠,有的门闩带自动锁片,可以防止贼盗拨开。冬春季外面另装一门,俗称"风门"。比较讲究的宅院,常建仪门,既有立柱式,也有垂花式(图6-4、图6-5)。山西民居的窗户不仅能抵御风沙,又能装点门面。一般而言,窗格造型极为讲究,有万字格、丁字格、古钱格、冰纹格、梅花格、菱形格等,贴上雪白的麻纸,透亮好看(图6-6)。晋北一带过年时,窗格贴各色彩纸、窗花,组合成色块图案,颇具北方艺术风采。到了夏季,去风门挂竹帘、安纱窗,既通风又防蚊虫入屋。冬季天气温度较低,大锅做饭,蒸汽满家。窗户上部开活动式气窗,并在户外安一纸制气斗子,是排汽防潮的有效设备。冬天便在门窗上挂棉门帘以抵挡寒风侵袭。以乔家大院为例,从门的结构看,有一斗三升十一踩双翘角门,庑栏中出檐门,硬山顶出檐门,砖雕式侧跨门等。从窗的格式看,有仿明式酸枝棂月窗、条栅型窗、通天隔棂型窗、雕花型窗、双开扇型窗和挑启型窗,形式各异、变化多端。

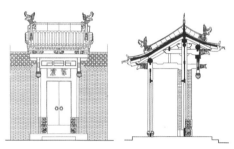

图6-5　平遥民居垂花门立、剖面示意

图6-4　榆次常家庄园立柱式大门

图6-6　灵石王家大院门窗

2.斗拱

山西民居的厅堂有廊者,在柱头多置栌斗。无廊者,则在檐柱头置斗直接承托大梁。除厅堂外,在厢房上也有用斗拱者。山西明代民居较之于清代,用斗拱较多(图6-7)。

3. 穿插枋

这是厅堂连接檐柱和老檐柱的一种穿拉构件,位于抱头梁下方,枋体出檐,雕刻华丽。

4. 栏杆

晋中民居有一部分楼房建筑,高大宽敞,是封闭式的,于室内搭木梯通往二层。晋东南楼院民居的栏杆则精美许多,加设了楼梯和栏杆,而且很注重栏杆的雕刻装饰(图6-8)。

5. 雀替

雀替施于栏板和檐柱的夹角外,呈竖条状。图案与栏板韵调一致,注意呼应,形式多样,浪漫而不呆板。山西民居的雀替,常常在枋木下连为一块,形成整体,称为"挂落"(图6-9)。

图6-7 高平原村武家院厅房

图6-8 栏杆

图6-9 雀替与挂落

6.楹联、匾额

楹联就是对联,通常固定在厅堂两侧的柱子上。这是一种较为讲究的做法。很多普通的家庭只在过节或有重大事情时在纸上写好楹联,然后贴在柱子上或门的两侧。上面大多是写着祈福的语句,如"鹏程万里展宏图 千秋伟业更辉煌""水绿山青鸟竞歌 风和日丽花争笑""多财多福多吉利 好年好景好运气"等。所谓"匾"指悬挂在大门上方或大厅上空的木制标识物。"额"大多位于院墙大门,侧门上方,即门洞额的位置。有的门洞上方有浮雕,上面刻有墨字。墨字通常有3种内容:一种是房屋的名号,如"树德居""挹秀居""仰山居""樊圃"等;另一种是地位官衔,如"尚书""进士"等;再一种是赞誉与勉励,如"履中蹈和"等。匾额题写的内容通常有以下特点:文辞有较强的可记忆性,文字有较佳的读音、较佳的形状、优美的文采,书之端庄大方,观之形态极佳。楹联、匾额作为一种文化表现的手法,在一定程度上体现着住宅主人的社会地位和内心追求、文化档次与审美倾向(图6-10)。

图6-10 楹联与匾额

第二节
砖作技艺

晋系民居的砖雕主要分布在屋脊、屋顶、屋檐、樨头、影壁、花墙、门脸、窑额、神龛、烟囱、女儿墙顶等部位，题材多以吉祥图案为主，如"犀牛贺喜""麒麟送子""鹿鹤同春""四季花卉"等（图6-11至图6-15）。

这些图案构思精巧、手法细腻。大块的图案给人以整体的和谐美感受，小块的图案起局部点缀作用，不但没有多余烦琐之感，

图6-11　山墙上的砖雕纹样

图6-12　祁县乔家大院女儿墙装饰

图6-13　高平西李门司家院屋顶悬鱼

图6-14 灵石王家大院烟囱造型

图6-15 镂空花墙砖雕

反而增添了建筑物的情趣。砖雕装饰大多采用民间喜闻乐见的形式，用借代、隐喻、比拟、谐音等手法传达吉祥的寓意，表达人们对生命价值的关注、对家族兴旺的企盼、对富裕美满生活的向往、对自身社会地位的追求。民间工匠将这种具有丰富文化内涵与深刻寓意的美好祝愿绘成图案，然后再按照工艺程序进行制作。砖雕从原料的选取到全部工序完成，要经过30多个环节。

晋系民居砖雕的制作程序是先将砖蘸水磨平，接着进行"打稿"。"打稿"包括画稿与落稿两道工序。传统画稿一般是请当地名画家、名书法家前来打样。落稿是将画稿复印在砖面上，即在画纸上用缝衣针顺着线条穿孔后(约1毫米1个针孔)平铺于砖面，用装着黑色画粉的"粉包"顺着针孔轻轻拍压画稿。在雕刻时先将砖块切割成所需尺寸，再把雕面和四周磨成平面，然后进行打坯。打坯就是用刀、凿在砖上刻画出画面构图和景物轮廓、层次，确定景物具体部位，区分前、中、远三层景致。这道工序需要有经验的大师傅来完成，非常讲究"刀路""刀法"的技巧。一是要"打窟窿"，即用錾子将图案以外的空隙部分剔空到需要的深度，以显示出图案的大致形状；二是要"镰"，即对图案的深浅层次、遮挡关系进行大略表现。最后的修饰是对细部进一步加工，对粗糙、不光洁的地方用糙石磨光；砖面遗留的沙眼，用砖灰调适量猪血填补。

1. 樨头

硬山屋顶的山墙侧面,在连檐和拔檐砖之间嵌入一块雕刻有花纹或人物的砖,此部位称为"樨头"。樨头分上、中、下三部分。上为盘头,中为上身,下为下碱。比较讲究的建筑,下碱常用角柱石,角柱石上雕刻有图案(图6-16、图6-17)。

图6-16　宁武县赵家大院樨头　　　　图6-17　灵石王家大院樨头

2. 照壁

山西民居大门正对的墙壁上,往往要建一个照壁,即影壁。照壁是受信仰禁忌心理支配的产物。迎门而建,为的是避免人们直视院内景象,谓之防"三煞"。作为装饰,照壁成了主人作画、写字、抒发情感的对象。山西乡民一般喜欢的照壁题材是"松鹤延年""喜鹊登梅"等,象征吉祥,喜欢写的字是"福""禄""寿""喜"等。照壁正面中心多设有"天地爷"神龛(图6-18)。

图6-18 浮山县民居照壁

第三节
石 作 技 艺

在晋系民居中,石雕的应用非常普遍,主要分布在础石、窗台、门砧石、挑檐、泄水口、上马石、拴马石以及用于观赏的石狮、碑碣等部位上,构图精美、形象逼真,具有较高的使用和欣赏价值。一般而言,山西民居所有的柱础,全部用整块石料雕琢而成,尤以正厅和门廊使用的柱础最为华丽壮观。门砧石这种专门为垫托门框的石质构件,几乎有门即施,大门、二门、厢房的门砧石雕刻最好。踏石设在大门、二门和天井内,由于建筑台基皆高出地平面,故设踏石以登堂入室。这种构件不仅数量多,而且雕刻细腻、华丽。墙基采用各种类型的条石,少则3层,多则5层,有的还在墙角处每做若干层砖加一块压角石。其目的是扩大转弯半径以保护转角墙体不被撞毁。镶石指镶嵌在建筑上的石刻构件,如楹联、书画、匾额等,在山西民居中较为多见。山西民居门口的石狮也颇有特色。

1.柱础

柱础主要用来支撑柱子的重量,一般用石材制作。除承重功能之外,柱础也有阻隔地层湿气、利于木柱防潮的作用。柱础造型丰富、式样繁多。晋系传统民居中的柱础主要有覆钵式、须弥座式、仰莲式、鼓式、动物式以及各种组合式等(图6-19)。

图6-19 石柱础

2.门砧石

为了固定并承托门扇,在门框两侧边框的下部,常常放置一块长方形石块,一半在门内,一半在门外,在门内的上方凿有凹穴,门扇的下轴插在穴中,以便转动。这种石制构件被称为"门砧石"。为了保持自身的稳定,门砧石的一大半常留在室外,成为门面上的重点装饰部位。在山西民居中,门砧石的形态丰富多彩,其中以狮子、鼓式造型居多(图6-20、图6-21)。

图6-20 各式门砧石

图6-21 门砧石上的各式图案

第四节
其他装饰技艺

1. 炕围画

除了雕刻以外,炕围画是晋系民居中地域性很强的一种装饰手段。在山西,火炕是一家人必不可少的活动场所,寝、食、娱乐等各种行为,几乎都是在火炕上进行。火炕周围的墙面、窗户便成了装饰的重点部位。炕围画就是在绕炕周围一米高、数米长的墙面上绘制彩画装饰。绘画的题材十分广泛。传统戏曲、历史人物、壮丽山河、花鸟鱼虫、五谷丰登甚至蔬菜水果都成了人们寄托情趣的丰富题材,可见炕围画是人们在生活中形成的道德、文化以及习俗的综合反映。炕围画的绘制有一套固定的程式,即以上下两组边道为界,按照一定的规格布置形成主体框架,中间等距离安排各种绘画题材。图画既具完整对称的形式美,又具简繁对比、主从相映的思想内涵,从而形成了一种独特的艺术形式(图6-22)。

图6-22　炕围画

2. 铺首

所谓铺首,就是指门拉手、门叩和门锁组合在一起的称谓。它的样子是一对圆形的门环,既做拉手又做门叩。门环上有一副门闩,将铁棍插在铁环中,在铁棍的一端加锁就可以把门锁住。门环和门闩连在一起焊接到一块铁皮上,最后将铁皮固定在门板上。为了防止装门闩的一头磨损门板,在这个位置还特别钉了一小块铁片。有的在门环下端位置上钉一个小块铁垫,一方面可使门环与铁垫相碰撞发出声响,另一方面也保护了门板。这些铁件一般都进行了艺术与美学的加工,如有的铁垫板做成圆形,刻出花边。门环有做成圆形的、长扁圆形的、讹角方形的。保护门板的铁片也刻出剔空的福字和如意、鱼、花朵等各种纹样,十分精巧。这些有实际用途的构件成为门板上的重要装饰构件(图6-23)。

图6-23 铺首

3. 剪纸

火炕的一面紧靠窗户,主人家对窗户的装饰也是颇具匠心的。最常见的手法就是在窗户上贴剪纸图案,称之为"窗花",贴在门楣上的则叫"门签"。从山西传统民居建筑的窗户式样来看,主要是利用各种花纹(如横竖棂子、拐子纹、菱花纹等),再在窗棂上裱以白色窗纸,所以,在洁白的窗纸上贴以红红绿绿的窗花,格外引人注目,具有较强的装饰性(图6-24)。

　　总的来看,晋系传统民居运用民间独有的雕刻、绘画、剪纸等艺术手段用来装点建筑,使居住建筑更显得朴实而不呆滞、简洁而不单调、华美而不奢丽、自然而不做作。这些装饰手段往往夸张中求真实、变形中求神似、简洁中藏丰富、象征中透意趣,从而使得晋系民居具有独特的文化内涵。

图6-24　剪纸

第七章
晋系传统民居的
民俗文化

第一节　晋系传统民居的营造习俗
第二节　晋系传统民居的营造仪式

第一节
晋系传统民居的营造习俗

| 一、选址习俗 |

　　晋系民居在营造过程中非常重视基址的选择，通常需要请风水先生来相地。房屋周边环境要符合风水的要求。宅基地以前低后高为佳，前方应当向阳开敞，不要朝向山尖等凶险之物或正对庙宇；后方以有靠山倚靠为佳，忌讳选在低洼处或者背后临沟、临崖等无依无靠之处。

　　院落正房朝向的确定，会综合考虑地形走向，根据罗盘确定。罗盘上系红线来表示选定的方向。正房通常坐北朝南，但不可朝向正南，因为当地人认为，正南阳气太重，只有庙宇才能朝向正南，正房通常南偏东5°~8°。

　　如在旧有宅基地上建造院落，则风水先生相地的主要内容是对现有基地提出调整建议，然后根据既有房屋的尺寸和方位来确定新建房屋的范围和朝向，以及测算何时动土、何时合龙口等重要节点的注意事项。

| 二、习 俗 禁 忌 |

晋系民居在乡土营造长久的发展中,形成了独特的习俗。

①院落形状。院落呈方方正正的矩形为佳,前大后小、前小后大均属不吉利的"棺材形",应尽量避免。

②院门。除官员宅邸可开正南门外,其余的普通民居大多开东南门。后天八卦图中,北为"坎",东南为"巽",坐北朝南的院落开东南门,所谓"坎宅巽门"。西南角为"坤"位,当地俗称"乌龟头",这里一般设置厕所,忌讳开院门。若南无街北有街,可在正房右手边(西北角)开院门。院门的开启方向不能偏斜,不能出现"歪门邪道"的格局。

③建筑高度。院落中各房屋从高到低依次为正房、东厢房、西厢房、倒座。风水上左为青龙、右为白虎,故东厢房要比西厢房高,所谓"宁叫青龙高三丈,不叫白虎抬一头"。院门的高度不能超过正房,但可以超过厢房。考虑到正房采光和屋顶排水,正房和厢房山墙之间的距离(当地人称为"虎口")须有6~8尺宽。

④房屋间数。奇数为阳,偶数为阴。正房皆取三、五、七开间,所谓"四六不坐正",厢房和倒座取奇数居多。

⑤屋门。房屋开门不能与院门对齐,轴线要错开一定距离;若对齐,就要做屏门、照壁等作为遮挡物。

⑥木料的加工。木材有根端和梢端,木匠对此有严格的讲究。建房中必使木材顺应向阳的自然生长趋势,即柱子梢端在上、根端在下,不能倒立过来。当地对柱子倒置非常忌讳,有俗语"点脊房,倒栽树,不到三年出寡妇"。檩和枋的梢端也有要求,正房的朝东,东厢房的朝南,倒座的朝西,西厢房的朝北,须形成一个顺时针的环形。椽子的梢端须朝南,根端朝北。梁的放置则是根端朝屋外,梢端朝屋内。门窗

的木料同样遵循这样的要求,竖向构件梢端朝上,横向构件梢端跟随房屋的前檐檩。构件过小无法分辨根端和梢端的,在加工前会对木料进行标记。

第二节
晋系传统民居的营造仪式

以高平砖木混合结构民居为例,在建造的过程中,不同的阶段会有一些特定的仪式来表达主人家、工匠对祖先及神灵的敬畏,以祈祷工程能顺顺利利进行。这些仪式也表达了人们希望求得安稳生活的精神诉求。另外,通过祭拜,人们再次加强了彼此之间的信任,改善了邻里之间的关系。

1.破土仪式

动工之前会举行破土仪式。阴阳先生根据阴阳八卦及主人的生辰八字确定破土的具体日期,根据主人的属相确定破土时家里哪些人能参与,哪些人不能参与,举行仪式时只有阴阳先生、匠人以及能参与的主人家家属出现,不能参与的人要避免出现在现场。然后,阴阳先生要准备好绘制图案的黄裱,这些依据宅基地情况而定;主人家要准备好三尺红布、一斤酒、一斤刀首、一些煤尘馍馍等供品,刀首必须是黑牙猪肉,且只能切一刀,煤尘馍馍就是主人家蒸上3厘米左右大小的馍馍,里面包上一小块炭。举行仪式的地方以院子中间为主,把酒、刀首以及其他一些供品摆上,点上三炷香,烧掉黄裱,并用酒沿着黄裱洒上一圈喂火,把煤尘馍馍撒向院子的八个方位,插上旗子,意思是慰问八方的土神。接着用绑上三尺红布的锄头或者钎等在院子中间的地上锄三下。这些仪式举行完毕后,放上三个炮、一挂鞭,这样才算破了土。

破土仪式后随时都可以动工修房子。

2. 上大梁仪式

装梁拴檩是建筑营造中一个非常重要的阶段,通常会举行上大梁仪式,图个吉利。参加仪式的人包括所有的工匠师傅。在放大梁前,首先,用红布将钱包起来放在大梁的下面,此钱即压梁钱,代表整个屋子都不空,当地有顺口溜就是"不放压梁钱,没有良心钱",可见压梁钱的重要性。另外,用黄裱写上"姜太公在此,诸神退位"贴于大梁上,此外还要贴上红纸,上书"上梁大吉""白虎架金梁 金龙盘玉柱"等,门上则贴着"安门大吉""精工细作""吉星高照"等。供品主要是蒸的花馍,形如猪、羊、锯、瓦刀、桃子等。上完梁后,烧香、烧黄裱、燃放鞭炮,仪式结束。上梁时的供品,主人家是不能留的,都要分给匠人。因此,当地有个传统,判断主人家为人厚道不厚道,就是看准备供品的多少了。最后,主人家会宴请所有的工匠师傅,以表示对他们的感谢。

3. 上花梁仪式

花梁相当于屋架中间连接脊与柱的牵椽,上面可书写文字。上花梁也比较讲究。花梁必须采用椿木,其他木材是不能使用的,因为椿木是木中之王。若受条件限制没有椿木,也必须做个椿木楔钉入花梁中。上花梁的时候花梁不能见天,故不可将字翻过来朝上。花梁上的字提前在家里写好,字写好后扣着放置,并用红布包住,有的全部包住,有的只包中间一段。上花梁时用"桃木弓,柳木箭,五色布穗五色线"，即在桃木做的弓上穿红线，再绑上用柳木做的箭，并挂上五种颜色做的布穗和五种颜色的丝线，但不能使用白线及黑线。

4.合龙口仪式

合龙口仪式是在屋坡最后一列边腿瓦开始铺设之前举行。合龙口的仪式比较简单，主要目的是犒劳匠人，"瓦瓦不吃肉，十间九间漏"。合龙口时要在屋脊上插绣球旗。然后给匠人红包，燃放鞭炮。这次要放最大的鞭炮，以示工期即将结束。仪式举行完毕后，匠人把最后一列瓦铺好就算完成了屋坡的施工。

5.谢土仪式

在房子室内外装修完，一切都停工后，要举行一个谢土仪式，意思是不再动工了。谢土时会请阴阳先生选一个好日子，并主持仪式。主人家要提前准备供品，以蒸的花馍为主，形如桃子、猪、羊等，有的还要准备黄裱、元宝、煤尘馍馍等。举行仪式时，多在门口摆上供品，点上香，敬土神，然后烧黄裱、元宝等，烧的时候用酒绕着黄裱等转一圈，洒在火上，并将这些供品掰开，将煤尘馍馍撒上。在当地，只要是与土神有关的仪式都会撒点东西，这个传统一直持续到现在。最后主人家拜神灵，用语言表达对神的感谢及自己的心愿，如说"整个工程下来都挺好的，大家都平平安安地，愿一家以后都平平安安的"这一类的话，燃放鞭炮，仪式结束。

第八章

晋系传统民居营造技艺的价值与传承

第一节
晋系传统民居营造技艺的价值

  山西地处黄河流域,是中华文明的发祥地之一,承载着黄土文明和黄河文化,积淀深厚。晋系传统民居是我国物质文化遗产的重要组成部分,具有弥足珍贵的科学、历史、艺术价值。其包含着薪火相传的匠作技术经验和政治、经济、文化等历史信息,含有重大的历史价值;其承载的社会信息,是社会发展进程的真凭实据,是人类历史活生生的教材,具有重要的文化教育价值。晋系传统民居技术体系的形成,来源于匠师们的代代传承,以及在实践过程中的经验积累和总结。晋系民居凝聚了无数劳动者的智慧,是中华民族的伟大创造,具有重要的科学技术价值。它们是一种文化载体,对于增强中华民族的认同感、归属感和自信心,具有难以替代的作用。其附属文物,如壁画、雕塑、书法等,蕴藏了众多哲学、美学内涵,成为人类的思想宝库,具有重要的艺术价值。研究晋系传统民居,对于传承优秀文化、弘扬民族精神、保护城乡文脉、保持地域特色,具有现实而深远的意义。

  晋系传统民居通过历代匠师经年累月的技艺传承,已经形成风格独特的山西本土化的营造技艺形态,不可以简单地用宋代《营造法式》、清代《工部工程做法》等官式营造法笼统地诠释,而忽视了其特殊性。

  研究、总结山西本土化的民居营造技艺经验,可以为不同地区的文化遗产保护提供翔实的、可资借鉴的、实用性较强的基础性研究成果,可以提高人们对晋系传统民居的认识水平。这对科学、理性地保护文化遗产,具有一定的理论意义和应用价值。

<h1 style="text-align:center">第二节
晋系传统民居营造技艺的传承现状</h1>

一、晋系传统民居营造技艺传承的困境

晋系传统民居的营建工匠,手艺基本上以拜师或者祖传为主。古代有严格的师承制度,讲究"三年学艺,一年谢师",即三年学成以后,再干一年活,当学徒的四年是没有工资的,过年的时候师父给徒弟一身衣服,出师后给徒弟一套做木工的工具。过去的学徒如果在没有出师前私自出去干活,师父发现后就会没收工具。现实中的师徒更多的是父子或者亲戚关系,所以当地有很多工匠世家,这些工匠"门里出身,智慧三分",本身祖上是做这一行的,所以学得很快。这种关系的师徒制度,对学习时间没有要求,只要学徒学成,就可以出师。

随着传统建筑保护热的不断升温,越来越多的古建筑亟待修缮,但传统工匠的传承现状不容乐观。需要保护的古建筑数量与工匠数量严重失衡,这对传统村落保护工作的开展非常不利,也使保护效果

大打折扣。

一方面,大部分工匠由于经济原因选择转行,从事匠作的人越来越少。比如高平曾经辉煌的三雕艺术现在几乎已经断代,难以找到传承人。

另一方面,古建筑修缮门槛高,当地传统工匠无法参与。那些文物保护单位的修缮工作都是大型建筑公司完成的。虽然当地有深谙地方乡土做法且技艺精湛的工匠,但他们受限于无认证的职业资格,在实际的修缮工程中并没有多少话语权,大多时候只能"按图施工",听从外来工程队的指挥。现在的传统建筑修缮工作,采用高度现代化的工具和工艺,这种修缮模式也制约了本地工匠技艺的发展。

二、传承不易的原因

1. 社会层面

(1)经济收入水平低

无论什么时期,选择从事或者放弃工匠这一职业,经济收入水平是主要考虑的因素之一。改革开放以前,做匠人是比较体面的工作,掌握一门实实在在的手艺能养家糊口。随着社会的快速发展,给农民提供的工作机会也越来越多,其他行业较高的工资收入使得很多工匠开始转行。对农民来说,挣钱维持生计是最主要的工作目标,即使是从事多年的事业,迫于现实他们也不得不放弃。

(2)效率至上的社会现实

快节奏的现代社会,时间就是金钱。多数行业都使用了现代化工具,不断提高工作效率。但对于古建筑修缮行业,这种方式是不适用的,慢工才能出细活。明清时期手工烧制的砖,耐磨耐腐耐风化,使用到现在,至少有百年以上,砖的品质依然很好。而现在生产的砖,几十年后就不能再用了,根本达不到修缮古建筑的要求。

现在的工匠组织大部分是包工包料,所以完成工程的速度较快。

2.制度层面

(1)认定制度不健全

随着传统村落及历史文化名村保护工作的开展,中国传统建筑存在的价值逐渐得到全社会的认可,营造技艺的研究也备受关注,但相关从业人员的社会价值仍没有得到足够的认同。传承人是对我国在非物质文化遗产传承过程中具有代表性的相关人员的荣誉称号,非遗传承人的认定在一定程度上保护了匠师,但从传统建筑行业来看,还没有形成有效的认定制度。工匠主要从事的是一些体力活,劳动强度大,工作环境恶劣,在一定程度上会受到社会的歧视,社会认同感低。

(2)用人体制不完善

在市场经济主导的大环境下,大型的工程建设主要通过公开招标来进行,而参与投标的准入门槛又很高,将当地有技术的小型团队阻挡在门外,所以这种方式对于古建筑的保护与修缮其实是不适用的。企业所带团队的技术工匠主要是包工队成员,很多工人都是没有经过培训直接上岗的。他们的工作状况很不稳定,哪里有活就去哪里,不会长期服务于同一个企业。这样的用人制度不利于高素质技术工人的培养,也使传统工匠的保护与传承难以为继。

3.个人层面

(1)工匠精神的缺失

匠人的培养主要通过父子、师徒之间的口传心授,经过日积月累的磨炼,匠人的技巧得以成熟,更重要的是,匠人精神得以培养。

在传统建筑行业中,"工匠精神"至关重要,通常会伴随着技艺的学习得以传承。手艺是非常重要的,这事关口碑,只有把活干好了,下次才会有人找你,所以老匠人干活都非常用心。

现在对工匠的培养,不受形式的约束,也没有统一的规定及方法,通常情况下只要想学,直接跟着师父去施工现场,跟着干活就行了,干得多了自然就学会了。这种方式培养出来的工匠不仅技术水平远远达不到古建筑修缮的要求,而且传统"工匠精神"也无法得到传承。

(2)认识的局限性

从事古建筑修缮,首先离不开对中国历史、文化甚至是民俗的了解。当地工匠的文化水平普遍不高,他们大多数最多只能上个初中,由于家里经济或者社会形势等原因,就不再上学,开始做学徒。他们对古建筑的了解主要是来自实践经验及老人口述。其中只有少数人因为热爱会进行自我学习研究,了解些理论知识。所以他们在修缮古代建筑时缺乏系统性的理论指导,如果是外地的工匠,他们对当地的文化更是知之甚少。这导致古建筑越修缮往往缺少文化底蕴,失去当地的特色,造成保护性破坏。

第三节
晋系传统民居营造技艺的未来

众所周知,山西省历史文化资源丰富,已拥有中国历史文化名镇15处、名村96处,中国传统村落550处。这些村镇大多格局完整、建筑精美,具有深厚的历史文化底蕴。然而面对城镇化的飞速进程,大量的历史文化遗存正在逐渐消失。人口的变迁、生产生活方式的改变以及建设性的破坏等人为因素,再加上风吹日晒、雨水侵蚀等自然因素,山西传统民居均遭受不同程度的破坏。

晋系传统民居的保护和营造技艺的传承应注意以下几个问题。

1.健全晋系民居的法律保护机制

首先,应严格遵守国家有关法律和行政法规,结合当地民风民俗,制定具有可操作性的"乡规民约",约束居民无序的建设行为,提高居民的保护意识。

其次,应完善科学管理制度,保护区范围内的一切建设活动,均应按法定程序办理报批手续。

最后,建立有效的监控制度,及时反映和听取社会各方面的意见和建议,及时掌握并预测保护发展的各种动态,有效地了解和把握信息。

2.采用多元合作的保护方式

由于涉及产权、拆迁、政策等问题,对晋系传统民居实施保护,特别需要社会多元主体利益之间的合作与协调,应力争做到在保护和传承顺利进行的同时,考虑和兼顾各方面的利益。具体措施如下。

(1)加大政府支持力度

成立县级民居保护委员会,将传统民居的保护工作提上议事日程,并做好群众性的宣传工作。政府应按照保护规划的要求制定相关政策,积极负责保护规划的具体实施工作。政府政策是非常重要的,起到鼓励和约束作用。政府采取适度经济补贴措施,鼓励原住居民在执行保护规划的前提下,自行修缮民居。政府可以在补贴初期投入时期,修缮濒危的历史建筑,改善基础设施以及提升居民生活环境质量。鉴于保护绝非一劳永逸,而是一个永续的过程,政府还应培养村落的经济活力,完善激励机制,以提高村落保护发展资金的支付能力,从而提高民居主体的保护修缮能力。

(2)群众路线与专家路线相结合

群众路线要求成立民间保护机构,成立各级保护协会,由民居的产权所有者、管理部门、文化团体和热心于村落保护事业的人士参加。保护协会的职能包括:反映民居各个方面的真实情况和意见;遵循民居的各项保护规章,采取自律行为,相互监督;积极筹措保护基金,监督专项保护基金的使用;组织开展有关保护政策咨询;开展各种文化交流活动,设立义务宣传员和保护员岗位,主要收集民间的人文记载,记录口述历史、民俗民风等非物质文化遗产。

近年来,乡民的保护意识有了很大提高,他们的创造力和智慧是不可低估的。但问题的关键是乡民缺乏引导,他们不知道如何做才能符合保护的需要,导致乱拆乱建的现象频繁发生。因此,保护工作需要政府聘请规划、建筑、法律和经济界的专家组成专家委员会,由专家担任顾问,提供技术指导和咨询。

3.建立传承人挖掘和保护制度,提高传承人的社会地位

为了更好地了解及记录当地具有鲜明特色的传统民居及营造技艺的情况,当地相关部门需要进行更深入的挖掘,寻找散落在各个村落的工匠,将他们的详细信息进行备案登记。通过遴选一批有古建筑修缮技术且具有工匠精神的营造技艺传承人,建立完善传承谱系,根据工匠的具体情况,申报各级非遗传承人。

做好传统工匠的保护,还必须完善传承人的保护制度,将当地传统建筑的修缮工作更多地分配给传承人及其团队,并且可以采用不同标准,鼓励在实践中对营造技艺进行传承及创新。优化保护形式,可以根据当地营建情况,鼓励传承人组建自己的营造团队,这样不但能方便协作,提高工作效率,也能促进工匠之间的技术交流,形成良好的

传承氛围。

政府应该更加重视非物质文化遗产的传承工作,不仅在资金上提供支持,还要加强对传承人的宣传,提高他们的社会地位,从而让更多的人了解并传承营造技艺。

2017年,山西省进行了首届传统建筑名匠认定工作,开启了晋系营造技艺保护传承的新局面。

4.丰富营造技艺的传承方式

传统的家族式传承及师徒式传承已经不能满足当代社会的需求,应当利用社会各界的力量,不断创新传承方式。一方面,传承人可以建立自己的手工作坊,建立培训基地,对学徒进行系统培训,在培训的过程中,对学徒进行严格要求,不仅要注重其技术的学习,更重要的是对其工匠精神的培养;另一方面,可以与当地的职业教育相结合,将营造技艺的学习作为一门专业,学生的职业学校对理论知识进行学习,能够对营造文化进行探索,并且将知识运用到实践中。

5.保护与发展相结合

晋系传统民居的发展是动态的过程,因此对晋系传统民居的保护应与当代社会发展结合起来。现在保存下来的数百年前的传统聚落环境已无法满足当代村民的生产、生活和交往需求。人口的变迁、家庭组成的变化,以及经济文化的发展,都需要居住者以对原有空间的改建、扩建、重新分割等作为手段,来调整使用空间。

传统民居营造技艺要想在当前社会环境下依然保持旺盛的需求以及迸发出新的活力,必须紧跟时代步伐、与时俱进。

一方面,将新技术、新材料与传统技艺的观念、工艺和传习方式等有机结合,可以更好地适应建造活动的需要,使营造技艺在当前社会环境下依然保持旺盛的活力。例如,木结构建筑经常遭遇火灾,可以考虑把一些防火材料和技术纳入技艺创新的内容中；在当下的建造实践中引入现代数字技术，使传统民居营造经验不仅仅只是靠口诀等予以延续，而是以更加直观、准确、符合现代科学的方式传承。另一方面，将传统技艺融入当代建筑中，进行当代建筑地域性创作，设计出兼有传统特色和地域特色的建筑作品。如果不能在大规模的现代建筑中推广传统匠作和现代建造技术相结合的做法，中国的传统建筑将难以得到很好的传承和发展。

总之，我们需要不断探索，"科学保护、合理利用"，将理论落到实处，在实践中找答案，真正做到促进晋系传统民居的可持续性发展，使晋系传统营造技艺能够在新的社会背景下找到生存土壤，不断传承发展下去。

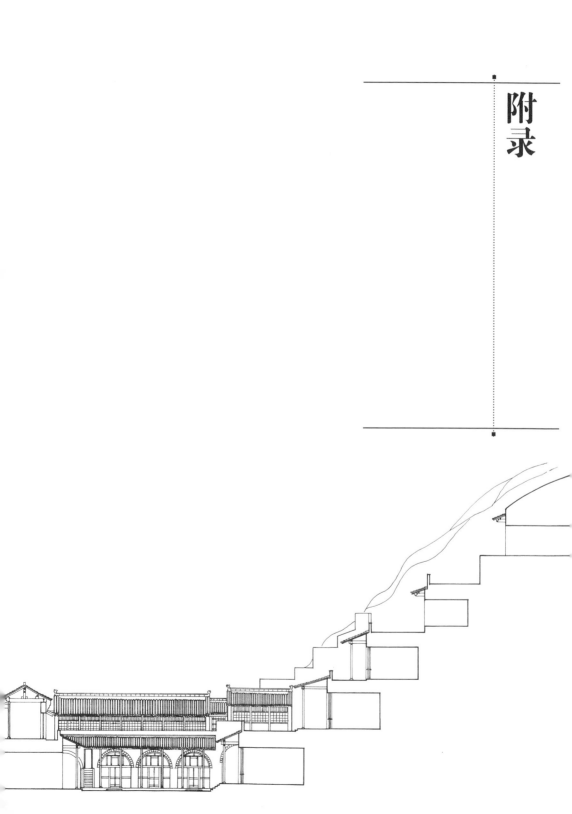

附录

附录1 晋系传统民居相关非物质文化遗产名录列表(截至2017年)

序号	名称(项目编号)	申报单位	级别	批准时间
1	砖雕(山西民居砖雕)(Ⅶ-38)	山西省清徐县	国家级	2008年6月第二批
2	建筑彩绘(炕围画)(Ⅶ-96)	山西省襄垣县	国家级	2008年6月第二批
3	窑洞营造技艺(Ⅷ-180)	山西省平陆县	国家级	2008年6月第二批
4	琉璃烧制技艺(Ⅷ-90)	山西省	国家级	2008年6月第二批
5	家具制作技艺(晋作家具制作技艺)(Ⅷ-45)	山西省临汾市	国家级	2011年6月第三批
6	平遥纱阁戏人(Ⅶ-101)	山西省平遥县	国家级	2011年6月第三批
7	清徐彩门楼(Ⅶ-102)	山西省清徐县	国家级	2011年6月第三批
8	雁门民居营造技艺(Ⅷ-209)	山西省忻州市	国家级	2011年6月第三批
9	木雕(永乐桃木雕刻)(Ⅶ-58)	山西省芮城县	国家级	2014年7月第四批
10	古建筑模型制作技艺(Ⅷ-237)	山西省太原市	国家级	2014年7月第四批
11	山西民居砖雕艺术(Ⅶ-4)	山西省非遗保护中心、陵川县文化馆、太谷县晋派砖雕研究所	省级	2006年12月第一批
12	炕围画(原平炕围画)(Ⅶ-6)	原平市文化馆	省级	2006年12月第一批
13	山西传统琉璃烧制工艺(Ⅷ-20)	万荣县上井琉璃工艺厂	省级	2006年12月第一批
14	祁县民居建筑习俗(Ⅹ-2)	祁县文化艺术中心	省级	2009年4月第二批
15	石雕(沁源石雕)(Ⅶ-18)	长治市沁源县赤石桥乡武家沟村	省级	2011年5月第三批
16	木雕(根雕)(Ⅶ-19)	长治市沁源县赤石桥乡涧崖底村、忻州市宁武县怀海根艺美术专业合作社、忻州市定襄晟龙木雕模型艺术有限公司、吕梁市交口县文化馆	省级	2011年5月第三批

序号	名称（项目编号）	申报单位	级别	批准时间
17	古建筑营造技艺(晋南古建筑营造技艺)(Ⅷ-34)	侯马市盛世华韵古典家居文化有限公司	省级	2011年5月第三批
18	晋作家具制作技艺(家具制作技艺)(Ⅷ-52)	山西省鑫荣木雕工艺有限公司(忻府区)、侯马市盛世华韵古典家居文化有限公司	省级	2011年5月第三批
19	建筑彩绘(墙围画)(襄垣民居脊饰传统技艺)(古建筑彩绘)(Ⅶ-6)	沁源县赤石桥乡赤石桥村、襄垣县非物质文化遗产保护中心、晋中市山西晋阳古建筑工程有限公司榆社分公司	省级	2011年5月第三批
20	木雕、石雕、砖雕制作技艺(Ⅷ-98)	山西省灵石县王家大院资寿寺管理中心	省级	2013年12月第四批
21	平遥传统石刻技艺(Ⅲ-142)	平遥县悟石斋金石书画院	省级	2017年10月第五批
22	晋派木工技术(Ⅲ-150)	阳泉市群众艺术馆	省级	2017年10月第五批
23	汾阳核桃木雕家具传统制作技艺(Ⅲ-163)	汾阳文新木业有限公司	省级	2017年10月第五批
24	襄汾传统建筑砖雕工艺(Ⅲ-171)	襄汾县瑞旗陶业有限公司	省级	2017年10月第五批
25	砖雕(河津吕氏砖雕)(Ⅶ-4)	河津市吕氏祖传砖雕厂	省级	2017年10月第五批
26	石雕(壶关石雕、新绛石雕)(Ⅶ-18)	长治市雄伟石业有限公司、新绛县玉顺石雕工艺品有限公司	省级	2017年10月第五批
27	木雕、根雕[益泰永木雕、泓福木雕、平遥木雕神像、麻梨雕刻(山西根雕)](Ⅶ-19)	山西益泰永木雕有限公司、山西泓福木雕有限公司、平遥县非物质文化遗产保护中心、山西正时金石传拓文化传播有限公司	省级	2017年10月第五批
28	古建筑营造技艺(平遥古建筑传统技艺、山西传统寺观建筑营造技艺)(Ⅷ-34)	平遥县古建筑工程有限公司、山西旭日海岳建设有限公司	省级	2017年10月第五批

附录2　晋系传统建筑名匠列表

序号	姓名	户籍所在地	从事工种
1	杜兆明	山西省侯马市	修建类（瓦作）
2	马辉山	湖北省大冶市	修建类（木作）
3	张运发	山西省侯马市	修建类（大木作）
4	薄秀章	忻州市定襄县	修建类（大木作）
5	高建有	忻州市定襄县	修建类（石作）
6	罗智勇	忻州市定襄县	修建类（大木作）
7	李虎生	忻州市原平市	修建类（大木作）
8	刘永胜	忻州市原平市	装饰类（塑像）
9	祈先年	忻州市定襄县	装饰类（雕刻）
10	刘志明	忻州市原平市	装饰类（壁画）
11	宋奇亮	忻州市定襄县	修建类（大木作）
12	白艳飞	晋中市榆社县	装饰类（油饰彩画）
13	吉喜生	忻州市定襄县	装饰类（饰面）
14	张建伟	忻州市原平市	修建类（砖作）
15	张银伟	忻州市原平市	修建类（瓦作）
16	白秀林	晋中市榆社县	装饰类（油饰彩画）
17	白　峰	忻州市阳曲县	装饰类（壁画）
18	严根荣	运城市万荣县	装饰类（油饰彩画）
19	祁伟成	太原市	修建类（小木作）
20	郝建红	晋中市榆次区	装饰类
21	翟康志	太原市迎泽区	装饰类（油饰彩画）
22	张晓波	晋中市榆社县郝北镇邓峪村	装饰类（油饰彩画）
23	郝一宏	长治市武乡县故城镇南沟村	装饰类
24	王艳飞	长治市武乡县故城镇陈村	装饰类（油饰彩画）
25	王成明	忻州市宁武县化北屯乡蒯屯关村	装饰类（油饰彩画）
26	裴海权	晋中市榆社县其城镇石栈道村	装饰类（油饰彩画）
27	薄配云	忻州市定襄县河边镇芳兰村	木工
28	王书其	忻州市代县上馆镇	修建类
29	荀　建	太原市小店区	修建类（大木作、小木作）
30	关首红	运城市芮城县陌南镇坛道庙村	修建类（瓦作）

续表

序号	姓名	户籍所在地	从事工种
31	乔振国	运城市平陆县	修建类
32	乔明亮	运城市平陆县洪池乡南侯村	修建类
33	孟芳建	忻州市五台县阳白乡阳白村	修建类（大木作、小木作）
34	马根芳	运城市芮城县陌南乡张家滑村	修建类（瓦作）
35	令狐彦平	运城市芮城县陌南镇坛道庙村	修建类
36	王金山	运城市平陆县洪池乡林场村	修建类（大木作、小木作）
37	张胜利	运城市平陆县洪池乡湖村	修建类（瓦作、砖作）
38	帅银川	忻州市定襄县	修缮类
39	刘启兵	晋中市榆社县	修缮类
40	杨晋清	晋中市榆社县	修缮类
41	李乃航	大同市	装饰类（传统泥塑）
42	张 革	大同市	装饰类（木雕）
43	师懋勤	大同市	装饰类（彩绘）
44	张俊才	太原市万柏林区兴华小区	修建类、装饰类、其他类
45	李白云	山阴县古城镇羊圈头村	修建类、装饰类、其他类
46	郭计生	忻州代县枣林镇何家寨村	修建类
47	孟庆恩	忻州市五台县阳白乡阳白村	修建类
48	王国华	太原市高新区	修建类
49	张秀隆	忻州市五台县阳白乡天池沟村	修建类、装饰类
50	智红章	忻州市五台县阳白乡桑院村	修建类（大木作、小木作）
51	史班头	大同市灵丘县东河南镇东河南村	修建类、装饰类
52	李福才	忻州市代县枣林镇蒙家庄村	雕刻类
53	杨美俊	忻州市代县磨坊乡任家庄村	修建类
54	杨美恩	忻州市代县上馆镇东北街村	修建类
55	王志俊	忻州市代县	修建类
56	杨贵庭	忻州市代县	修建类
57	冯志昌	吕梁市柳林县穆村镇二村委	修建类
58	刘新平	吕梁市柳林县穆村镇二村委	修建类（雕刻）
59	曹海录	吕梁市中阳县宁乡镇	修建类
60	陈文承	吕梁市临县碛口镇寨子山村	修建类（瓦作）

续表

序号	姓名	户籍所在地	从事工种
61	李世亮	吕梁市临县碛口镇寨子山村	修建类（木作）
62	秦春宁	吕梁市临县柏树沟村	修建类（瓦作、大木作、砖作）
63	张计照	吕梁市临县三交镇罗家山村	修建类（砖作）
64	张海清	晋中市榆社县西马乡大寨村	修建类
65	梁俊维	晋中市榆社县郝北镇郝北村	木雕类
66	鹿胜凯	晋中市榆社县箕城镇河南街村	装饰类（油饰彩画）
67	任锦富	晋中市榆社县箕城镇山泉峪村	装饰类（壁画、雕塑、彩绘）
68	宋现文	晋中市榆社县西马乡北余沟村	装饰类（油饰彩画）
69	崔晋东	晋中市榆社县箕城镇寺家凹村	装饰类（木雕、砖雕）
70	马永良	晋中市祁县	装饰类（油饰彩画）
71	王志雄	晋中市祁县城赵镇西建安村	装饰类（油饰彩画）
72	张全玉	晋中市祁县	修建类
73	温建明	晋中市太谷县西道街44号	装饰类（雕刻）
74	郝利平	晋中市太谷县	修建类
75	赵云峰	晋中市平遥县	装饰类（油漆彩画）
76	张英魁	晋中市平遥县古陶镇北城村	修建类（传统官式建筑）
77	张晓明	晋中市平遥县古陶镇东城村	修建类（大木作）
78	张荣耀	晋中市平遥县闫良庄村	修建类（瓦作）
79	温时亮	晋中市平遥县岳壁乡闫良庄村	修建类（砖作、瓦作）
80	孙文良	晋中市平遥县南政村	装饰类（雕刻）
81	李志强	晋中市平遥县干坑村	修建类（大木作、小木作）
82	李增祥	晋中市平遥县岳壁乡闫良村	修建类（瓦作）
83	李 鹏	晋中市平遥县东城社区	修建类
84	李 华	晋中市平遥县东城社区	修建类（民间建筑）
85	康 旭	晋中市平遥县襄垣乡郝洞村	烧造类（烧砖、烧瓦、砖雕）
86	冀云丽	晋中市平遥县南城村	装饰类（彩塑）
87	霍首利	晋中市平遥县大闫村	修建类（石作、石雕）
88	侯海斌	晋中市平遥县古陶镇	造园类（绿植、盆栽）
89	郝贵生	晋中市平遥县襄垣乡郝家堡村	修建类（砖作）
90	杜志强	晋中市平遥县古陶镇	修建类（瓦匠）

续表

序号	姓名	户籍所在地	从事工种
91	曹益刚	晋中市平遥县西城社区	修建类(传统官式建筑)
92	曹时序	晋中市平遥县中都乡桥头村	装饰类(壁画、彩绘、雕塑)
93	张增河	晋中市平遥县古陶镇	修建类(大木作)
94	温 龙	晋中市平遥县岳壁乡阎良庄村	修建类(大木作)
95	王增义	晋中市平遥县	修建类
96	呼其明	晋中市平遥县	修建类(瓦作、砖作)
97	侯新国	晋中市平遥县南政乡侯郭村	修建类(木作)
98	王国和	晋中市平遥县	修建类
99	邵悦文	晋中市平遥县	装饰类
100	杜德贵	晋中市榆次区修文镇西白村	修建类(大木作)
101	郝海金	长治市长子县丹朱镇同贺村	修建类(瓦作、木作)
102	李保云	运城市绛县郝庄乡东牛坞村	修建类(砖作、石作、小瓦作)
103	李成明	临汾市隰县龙泉镇	修建类
104	李 政	太原市万柏林区晋祠路	修建类
105	王 蕾	太原市小店区	修建类
106	赵金虎	临汾市隰县龙泉镇	修建类
107	聂金虎	临汾市隰县	修建类
108	纪兰平	临汾市隰县城南乡石家庄村	修建类(瓦作、砖作)
109	张凤生	临汾市隰县午城镇后太平庄村	修建类(大木作、小木作)
110	董养明	运城市万荣县	修建类
111	白玉银	晋中市榆社县	修建类
112	宋晓东	吕梁市交城县	修建类
113	弓建奎	晋中市榆社县	修建类
114	宋玉强	吕梁市交城县	石作类
115	薛晓斌	吕梁市交城县	砖作类
116	王 洪	阳泉市	修建类
117	苗建华	晋中市榆社县	木作类
118	李永清	吕梁市交城县	木作类
119	赵焕荣	太原市	装饰类

参考文献

[1]　山西省建筑业协会. 山西建筑史[M]. 北京:中国建筑工业出版社, 2016.

[2]　中国科学院自然科学史研究所. 中国古代建筑技术史[M]. 北京:科学出版社, 2016.

[3]　傅熹年. 中国科学技术史(建筑卷)[M]. 北京:科学出版社, 2008.

[4]　山西省地图集编纂委员会. 山西省传统村落地图集[M]. 西安:西安地图出版社, 2018.

[5]　王金平. 山右匠作辑录[M]. 北京:中国建筑工业出版社, 2005.

[6]　胡银玉. 北方民居营造做法[M]. 太原:山西人民出版社, 2019.

[7]　山西省地图集编纂委员会. 山西历史地图集[M]. 北京:中国地图出版社, 2000.

[8]　颜纪臣. 山西传统民居[M]. 北京:中国建筑工业出版社, 2006.

[9]　张昕, 陈捷. 画说王家大院[M]. 太原:山西经济出版社, 2007.

[10]　邹衡. 夏商周考古学论文集[M]. 北京:文物出版社, 1980.

[11]　彭一刚. 传统村镇聚落景观分析[M]. 北京:中国建筑工业出版社, 1992.

[12]　杨纯渊. 山西历史经济地理述要[M]. 太原:山西人民出版社, 1993.

[13]　温幸, 薛麦喜. 山西民俗[M]. 太原:山西人民出版社, 1991.

[14]　孙大章. 中国民居研究[M]. 北京:中国建筑工业出版社, 2004.